西安交通大学 XI'AN JIAOTONG UNIVERSITY 本科“十三五”规划教材

普通高等教育力学系列“十三五”规划教材

分析力学

江俊 谭宁 编著

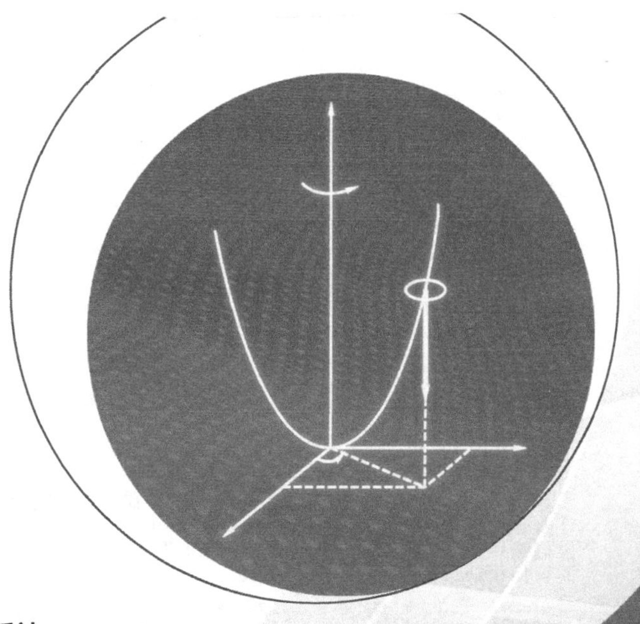

西安交通大学出版社
XI'AN JIAOTONG UNIVERSITY PRESS

内容简介

"分析力学"亦称为"分析动力学"，是力学专业及相关工程技术专业的一门重要专业基础课。本课程着重讲述经典力学中不同于牛顿力学研究路径的拉格朗日力学和哈密顿力学中的力学原理和研究方法。

本书内容主要包括约束定义及分类，虚位移和自由度，广义坐标和理想约束等基本概念；虚位移原理和达朗贝尔原理，动力学普遍方程；第二类拉格朗日方程及其第一积分，拉格朗日乘子的概念和带有乘子的拉格朗日方程，机电耦合系统的拉格朗日方程；哈密顿正则方程及其第一积分，相空间和刘维尔定理；力学变分原理的分类，变分法基础和哈密顿原理以及基于变分问题的近似求解方法；稳定性的定义，拉格朗日-狄利克雷定理，李雅普诺夫间接法和直接法，以及线性机械系统的运动稳定性判断准则等。

本书主要作为工程力学、机械工程及相关工程专业高年级学生的教材或教学参考书，也可供从事动力学研究的教师和科研人员参考。

图书在版编目(CIP)数据

分析力学/江俊，谭宁编著．—西安：西安交通大学出版社，2019.1(2022.2 重印)
ISBN 978-7-5693-1040-5

Ⅰ．①分…　Ⅱ．①江…　②谭…　Ⅲ．①分析力学-高等学校-教材　Ⅳ．①O316

中国版本图书馆 CIP 数据核字(2019)第 000737 号

书　　名　分析力学
编　　著　江　俊　谭　宁
责任编辑　李慧娜

出版发行　西安交通大学出版社
（西安市兴庆南路 1 号　邮政编码 710048）
网　　址　http://www.xjtupress.com
电　　话　(029)82668357　82667874(发行中心)
(029)82668315(总编办)
传　　真　(029)82668280
印　　刷　西安日报社印务中心

开　　本　727mm×960mm　1/16　**印张**　8.875　**字数**　162 千字
版次印次　2019 年 1 月第 1 版　2022 年 2 月第 5 次印刷
书　　号　ISBN 978-7-5693-1040-5
定　　价　28.00 元

读者购书、书店添货，如发现印装质量问题，请与本社发行中心联系、调换。
订购热线：(029)82665248　(029)82665249
投稿热线：(029)82668315　QQ:64424057
读者信箱：64424057@qq.com

前 言

分析力学是经典力学的重要组成部分,它以变分原理为基础,采用分析的方法建立机械运动系统的动力学方程,并研究机械运动系统的一般规律。分析力学是与机械运动密切相关的工程技术学科的理论基础,也是经典力学向现代物理过渡的桥梁。分析力学的理论和研究方法具有高度的概括性和很大的普适性,其不仅适用于离散机械系统,也适用于连续介质系统、机电耦合系统、控制系统和微观物质系统等。

经典力学开端的标志被普遍认为是牛顿1687年发表的《自然哲学的数学原理》。牛顿找到了制约自然界物质机械运动的相当普遍的规律,同时提出了研究机械运动的相关数学方法——微积分。牛顿力学是在天体运动归纳出的规律基础上发展起来的力学理论,主要以自由质点为研究对象,采用的物理量都是矢量,如:加速度、力、动量等,因此,牛顿力学亦称为矢量力学。牛顿力学可以解释和准确预测当时观察到的天体运动自然现象,其正确性也已被人类实践活动的无数次检验所证实。矢量力学在研究受约束系统的运动时,需要将系统的每个子部件进行隔离,且分析每个子部件隔离体受到的全部力(外力和内力,或主动力和约束力),即画受力图。尽管在直角坐标系内,矢量力学很容易建立运动微分方程,但其通常是最难以进行求解的微分方程形式。

随着18世纪产业革命的到来,机器生产的迅速发展,对受约束机械系统的运动分析有着迫切和现实的需求。虽然约束对运动的作用可以归纳为力,但这些力是待求的,由此也使得系统动力学方程的未知变量数目不断增大,求解计算的复杂性大大增加,牛顿力学的处理方法因此遇到了困难。此时,与牛顿同时期的莱布尼茨所致力于发展以能量变化来度量力的作用效果的研究路径,又受到人们的重视。并且在牛顿巨著发表一百年后,拉格朗日在其发表的《分析力学》(1788年)中提出了一种对力学原理的全新阐述方式。拉格朗日以虚位移原理和达朗贝尔原理为基础,引入可完全描述力学系统状态的有限个参数,即广义坐标,以及标量形式的物理量,如:能量(动能、势能)和功等,从而使力学问题通过分析方法进行求解成为可能,并由此产生了经典力学的重要组成部分——拉格朗日力学。拉格朗日力学的方法不仅在建立的动力学方程中避免了约束力的出现，从而大大克服了牛顿矢量力学所遇到的困难。由于采用了能量和功等标量物理量，拉格朗日力学是从整体而非个体的角度研究系统的动力学，同时也涵盖了比牛顿力学更为广泛的系统，如：电气系统、控制系统等。

在分析力学的发展过程中，变分原理的提出具有极其深远的意义。变分原理给出了甄别真实运动与可能运动的准则，从而表明力学原理不仅可以按牛顿的公理方式加以叙述，还可以表述为某种作用量（泛函）的逗留值。变分原理分为微分和积分两种类型，前者以1829年提出的高斯原理为代表，后者以1834年提出的哈密顿原理为代表。通过引入广义动量，使其与广义坐标一起作为独立变量，由哈密顿原理可以推导出哈密顿正则方程，两者一起构成了分析力学，也是经典力学的另一个重要组成部分——哈密顿力学。哈密顿力学在现代物理学中依然扮演着重要的基础性角色，如：最小作用量原理提供了建立相对论力学和量子力学最简练而又富有概括性的出发点，因此，最适于成为经典力学向现代物理学过渡的桥梁。分析力学致力于用数学语言概括系统的动力学，从而使人们得以更深刻地洞察动力分析中各种作用之间的内在联系，也使得经典力学发展成为最完善的理论之一。

在基于力学基本原理（矢量力学或分析力学）建立机械运动系统的动力学方程之后，从数学上寻求一般情况下动力学微分方程的解析积分，遇到了严重的困难。因此，在工程实践中直接判断运动的定性性态而避免对微分方程进行求解的工作显得十分重要。判断运动的稳定性在工程实际中有着十分现实和重要的意义。早在1788年拉格朗日就给出了关于平衡稳定性的一般性定理，并由狄利克雷于1846年证明。李雅普诺夫在1892年发表的论文奠定了现代稳定性理论的基础，并由此发展了在现代科学和工程技术中广泛使用的稳定性判据和定理。

本教材的内容参考了国内外十余部相关教材和专著，同时结合作者多年讲授“分析力学”课程的体会进行编写，力求能够准确、清晰且简洁地讲述分析力学中的基本概念、力学基本原理和稳定性理论。在叙述上注重把握概念、基本原理和分析方法建立和发展的主要历史脉络，希望帮助学生加深对力学基本原理和重要研究方法的理解，认识动力分析中各种作用之间的内在联系。本教材面向的对象是大学高年级学生以及研究生，希望通过本门课程的学习，一方面提高学生的基本力学素养，掌握高度统一的力学原理体系和具有普遍性的动力学分析方法；另一方面，为学生后续专业课程的学习以及今后从事相关研究提供基础性理论准备。

目　录

第1章　基本概念

随着产业革命对生产和技术发展的促进，面向日益复杂工程机械的受力分析需求不断增加，从而也使得以牛顿和欧拉为代表的学者所发展的主要针对无约束系统的力学方法面临重大挑战。在此背景下，以达朗贝尔和拉格朗日为代表的学者提出并发展了针对约束系统的力学分析方法。由此，发展建立了与牛顿矢量力学体系不同的另一种力学体系——分析力学。分析力学以广义坐标以及能量和功等标量为基本量，采用分析运算来建立动力学方程。本章的目的在于介绍分析力学的重要基本概念：约束的定义及分类（包括完整约束与非完整约束、定常约束与非定常约束、双面约束与单面约束），可能位移与虚位移，广义坐标与自由度，理想约束等。

1.1　约束的定义及分类

约束是分析力学重要的基本概念，约束本身的性质对基本原理的应用和运动微分方程的推导有重要影响，即：约束的性质不仅影响系统的运动形式，也影响研究运动应选取的原理和方法。因此，掌握约束的分类，以及各类约束的主要特征，对学习下面分析力学有关原理和方法至关重要。

1.1.1　约束的定义

当一个质点可以在空间中占据任何位置并容许以任何方式运动时，称该质点为**自由质点**。而所谓质点的**约束**就是对一个质点的位置和运动所施加的限制。

众所周知，一个质点在空间的位置可以用三个笛卡儿坐标确定，如：可由(x,y,z)描述。质点的约束一般可用质点的坐标以及速度的数学方程来表达。

例 1.1　质点M被限制在一个半径为R的球面上（如图1.1所示），则约束对应的方程为

$$f = x^2 + y^2 + z^2 - R^2 = 0 \tag{1.1}$$

例 1.2　质点M被限制在一个半径初值为R且半径以速度a变化的球面上，则约束方程为

$$f = x^2 + y^2 + z^2 - (R + at)^2 = 0 \tag{1.2}$$

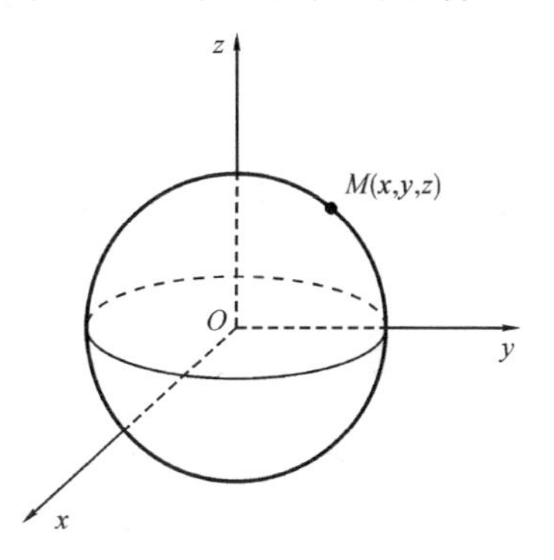

图1.1

例 1.3 冰刀质心的速度方向被限制在沿冰刀纵向方向(如图 1.2 所示),则约束对应的方程为

$$g = \dot{x}_c \sin\theta - \dot{y}_c \cos\theta = 0 \tag{1.3}$$

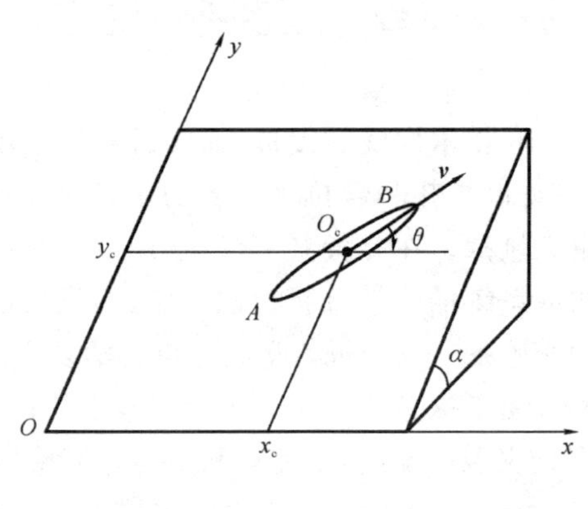

图 1.2

基于上面例子可以定义:以质点坐标或速度为变量,用于描述质点约束的数学方程或不等式,为**约束方程**。

当单个质点被限制在某个固定的光滑曲面上运动时,对应的约束方程有如下形式

$$f(x, y, z) = 0 \tag{1.4}$$

当单个质点被限制在某个随时间变化的光滑曲面上运动时,则约束方程有如下形式

$$f(x, y, z, t) = 0 \tag{1.5}$$

当单个质点的运动速度受到某种限制条件,对应的约束方程有如下形式

$$g(x, y, z, \dot{x}, \dot{y}, \dot{z}) = 0 \tag{1.6}$$

类比于单个质点,下面给出质点系的相关定义。由自由质点组成的系统称为**自由质点系**。对于现实中所讨论的质点系,系统中的质点往往受到位置(几何)或速度(运动)事先施加的限制,称为质点系的**约束**,含有约束的质点系称为**非自由质点系**。

1.1.2 约束的分类

下面讨论由 N 个质点组成的非自由质点系,以介绍约束的分类。因为每个质点的位置由 3 个笛卡儿坐标确定,N 个质点的位置需由 $3N$ 个笛卡儿坐标(x_i, y_i, z_i), $i=1,2,\cdots,N$ 确定。为了方便表述,我们采用 u_j, $j=1,2,\cdots,3N$ 来表示这

$3N$ 个笛卡儿坐标，并将 $3N$ 个坐标的集合 $(u_1, u_2, \cdots, u_{3N})$ 称为质点系的位形。由此 $3N$ 个变量张成的 $3N$ 维的抽象空间，称为质点系的**位形空间**。在每个瞬时，质点系的位形（即每个质点的位置）与位形空间中的点是一一对应的，而质点系运动过程则可以抽象地由位形空间中点的运动轨迹表示。

1. 完整约束与非完整约束

如果质点系所受约束是仅对系统的坐标或位形加以限制，则这种约束称为**几何约束**或**完整约束**，几何约束的一般形式为

$$f_\alpha(x_1, y_1, z_1, \cdots, x_N, y_N, z_N, t) = 0, \quad \alpha = 1,2,\cdots,l$$

或

$$f_\alpha(x_1, y_1, z_1, \cdots, x_N, y_N, z_N) = 0, \quad \alpha = 1,2,\cdots,l$$

若采用统一坐标形式的表示方法，几何约束的一般形式为

$$f_\alpha(u_1, u_2, u_3, \cdots, u_{3N}, t) = 0, \quad \alpha = 1,2,\cdots,l \tag{1.7}$$

或

$$f_\alpha(u_1, u_2, u_3, \cdots, u_{3N}) = 0, \quad \alpha = 1,2,\cdots,l \tag{1.8}$$

上面 l 个约束方程对应于 $3N$ 维位形空间中的一个超曲面，称为**约束曲面**。其中式(1.7)确定的约束曲面是随时间变化的，如例 1.2 中的约束；而式(1.8)确定的约束曲面是固定不变的，如例 1.1 中的约束。

如果质点系所受约束是包括速度上的限制，则这种约束称为**微分约束**，或**运动约束**。当质点系受到微分约束时，约束方程中不仅包含坐标和时间，还包含速度。若约束方程中的速度项不能通过积分消去，则该约束称为**非完整约束**。微分约束的一般形式为

$$g_\beta(x_1, y_1, z_1, \cdots, x_N, y_N, z_N, \dot{x}_1, \dot{y}_1, \dot{z}_1, \cdots, \dot{x}_N, \dot{y}_N, \dot{z}_N, t) = 0, \quad \beta = 1,2,\cdots,m$$

或

$$g_\beta(x_1, y_1, z_1, \cdots, x_N, y_N, z_N, \dot{x}_1, \dot{y}_1, \dot{z}_1, \cdots, \dot{x}_N, \dot{y}_N, \dot{z}_N) = 0, \quad \beta = 1,2,\cdots,m$$

若采用统一坐标形式的表示方法，微分约束的一般形式为

$$g_\beta(u_1, u_2, u_3, \cdots, u_{3N}, \dot{u}_1, \dot{u}_2, \dot{u}_3, \cdots, \dot{u}_{3N}, t) = 0, \quad \beta = 1,2,\cdots,m \tag{1.9}$$

或

$$g_\beta(u_1, u_2, u_3, \cdots, u_{3N}, \dot{u}_1, \dot{u}_2, \dot{u}_3, \cdots, \dot{u}_{3N}) = 0, \quad \beta = 1,2,\cdots,m \tag{1.10}$$

上面 m 个约束方程对应于由 $(u_1, u_2, u_3, \cdots, u_{3N}, \dot{u}_1, \dot{u}_2, \dot{u}_3, \cdots, \dot{u}_{3N})$ 构成的 $6N$ 维状态空间中的一个超曲面，亦称为**约束曲面**。由 N 个质点的坐标和速度共 $6N$ 个变量 $(u_1, u_2, u_3, \cdots, u_{3N}, \dot{u}_1, \dot{u}_2, \dot{u}_3, \cdots, \dot{u}_{3N})$（称为**状态变量**）张成的 $6N$ 维抽象空间，称为**状态空间**。其中式(1.9)确定的约束曲面是随时间变化的，而式(1.10)确定的约束曲面是固定不变的，如例 1.3 中的约束。

值得特别注意的是：非完整约束是指微分约束方程的形式是不可积分的。虽然有时建立的约束对应的约束方程中含有坐标对时间导数，但该约束方程是可以积分的，可变为非微分形式的约束方程，则该约束仍然属于完整约束。下面是一个典型的例子。

例 1.4 半径为 r 的圆盘沿直线轨道作纯滚动(如图 1.3 所示),圆盘中心 C 到轨道的距离始终不变,几何约束为

$$y_C = r$$

由于是作纯滚动,圆盘与轨道接触点 A 的速度为零,圆盘受到的运动约束为

$$\dot{x}_C - r\dot{\varphi} = 0$$

但该式可以积分为下面形式

$$x_C - r\varphi = C$$

所以该约束依然为完整约束。

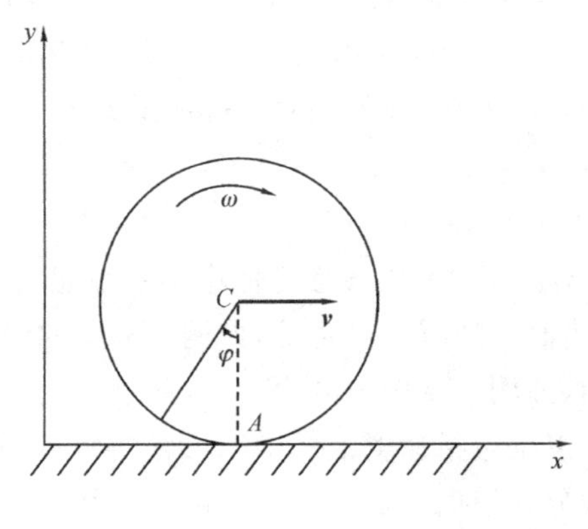

图 1.3

将约束按完整约束和非完整约束进行分类后,还可引入对质点系力学系统进行分类的重要定义:若力学系统中所受的全部约束都是完整约束,则称该系统为**完整系统**。若力学系统中存在有非完整约束,则称该系统为**非完整系统**。

2. 定常约束与非定常约束

约束的另外一种分类是根据约束方程中是否显含时间,以表明约束曲面是否依赖于时间。如果约束方程中不显含时间 t,则称其为**定常约束,**或**稳定约束**。定常完整的约束表示:质点系被约束在随时间变化而不发生变形或不发生移动的固定曲面上。

结合上面完整约束和非完整约束的分类,我们知道:式(1.8)为定常完整约束的一般形式,而式(1.10)为定常非完整约束的一般形式。例 1.1 中的约束为定常完整约束,而例 1.3 中的约束为定常非完整约束。

如果约束方程中显含时间 t,则称其为**非定常约束,**或**不稳定约束**。非定常的完整约束表示质点系被约束在随时间变化而发生变形的曲面或发生移动的曲面上。

我们知道:上面式(1.7)为非定常完整约束的约束方程一般形式,而式(1.9)为

非定常非完整约束的约束方程的一般形式。例1.2给出了非定常完整约束例子。下面再给出一个非定常完整约束的例子。

例1.5　质点的约束方程为

$$(x-5t)^2+y^2+z^2=R^2 \tag{1.11}$$

表明质点在半径为R且球心沿x轴以速度为5移动球面上运动。

3. 双面约束与单面约束

约束还有一种分类是根据约束方程是等式还是不等式。用等式或方程表示的约束，称为**双面约束，或双侧约束**。双面约束表示点在曲面的两个方向都受到限制，即被限制在约束曲面上运动。上面介绍的约束均以方程形式给出，所以均为双面约束。

用不等式表示的约束，称为**单面约束，或单侧约束**。表示质点系的位形对应的点可以在位形空间中约束曲面上及其一侧运动。

例1.6　当质点既可在半径为R的球面上，也可以在球面内运动时(但不能跑到球面外面)，其对应的约束表达式为

$$x^2+y^2+z^2-R^2\leqslant 0 \tag{1.12}$$

1.2　约束方程

在这里我们谈到的约束方程是指约束方程的特殊形式——Pfaff型，或约束方程的微分形式。讨论约束方程的Pfaff型是为了引入分析力学中与约束相关的其它概念。为了阐述清楚，我们首先还是以单个质点为例，介绍约束方程的Pfaff型。然后，再给出质点系约束方程Pfaff型的一般形式。

1.2.1　单个质点的约束方程

1. 完整约束情形

对应的约束方程有限形式为

$$f(x,y,z)=0 \quad \text{或} \quad f(x,y,z,t)=0$$

方程两端对时间求导，有

$$\frac{\partial f}{\partial x}\dot{x}+\frac{\partial f}{\partial y}\dot{y}+\frac{\partial f}{\partial z}\dot{z}=0 \quad \text{或} \quad \frac{\partial f}{\partial x}\dot{x}+\frac{\partial f}{\partial y}\dot{y}+\frac{\partial f}{\partial z}\dot{z}+\frac{\partial f}{\partial t}=0$$

其对应的微分形式为

$$\frac{\partial f}{\partial x}\mathrm{d}x+\frac{\partial f}{\partial y}\mathrm{d}y+\frac{\partial f}{\partial z}\mathrm{d}z=0 \quad \text{或} \quad \frac{\partial f}{\partial x}\mathrm{d}x+\frac{\partial f}{\partial y}\mathrm{d}y+\frac{\partial f}{\partial z}\mathrm{d}z+\frac{\partial f}{\partial t}\mathrm{d}t=0 \tag{1.13}$$

式(1.13)即称为约束方程的 Pfaff 型。

2. 非完整约束情形

对应的约束方程有限形式为

$$g(x,y,z,\dot{x},\dot{y},\dot{z})=0 \quad 或 \quad g(x,y,z,\dot{x},\dot{y},\dot{z},t)=0$$

g 可以是 $\dot{x},\dot{y},\dot{z}$ 线性或非线性函数。当为线性函数时，可以表示为

$$A\dot{x}+B\dot{y}+C\dot{z}=0 \quad 或 \quad A\dot{x}+B\dot{y}+C\dot{z}+D=0$$

其对应的微分形式或 Pfaff 型为

$$A\mathrm{d}x+B\mathrm{d}y+C\mathrm{d}z=0 \quad 或 \quad A\mathrm{d}x+B\mathrm{d}y+C\mathrm{d}z+D\mathrm{d}t=0 \tag{1.14}$$

其中 A,B,C 和 D 是坐标的函数，对于非定常约束也是时间的函数。式(1.14)左端方程称为**线性齐次非完整约束**，右端方程称为**线性非齐次非完整约束**。

值得注意的是，若令 $A=\frac{\partial f}{\partial x}$, $B=\frac{\partial f}{\partial y}$, $C=\frac{\partial f}{\partial z}$, $D=\frac{\partial f}{\partial t}$，则式(1.13)也可以记为与式(1.14)完全相同的形式。因此，无论是完整约束的约束方程微分形式，还是非完整约束的约束方程的微分形式，均可以以式(1.14)给出的 Pfaff 型表示。只是对于完整约束，式(1.14)将表示全微分，是可积分的。

1.2.2 质点系的约束方程

下面讨论由 N 个质点组成的质点系，每个质点的位置可由 3 个笛卡儿坐标确定，质点系的 $3N$ 个坐标依次排列为 $u_1,u_2,\cdots,u_{3N}$。若质点系同时存在 l 个完整约束和 m 个非完整约束，则约束方程的 Pfaff 型分别如下。

1. 完整约束情形

对应的约束方程有限形式如式(1.7)和式(1.8)给出，表示为

$$f_\alpha(u_1,u_2,u_3,.\cdots,u_{3N})=0 \quad 或 \quad f_\alpha(u_1,u_2,u_3,.\cdots,u_{3N},t)=0, \quad \alpha=1,2,\cdots,l$$

方程两端对时间求导，有

$$\sum_{j=1}^{3N}\frac{\partial f_\alpha}{\partial u_j}\dot{u}_j=0 \quad 或 \quad \sum_{j=1}^{3N}\frac{\partial f_\alpha}{\partial u_j}\dot{u}_j+\frac{\partial f_\alpha}{\partial t}=0, \quad \alpha=1,2,\cdots,l$$

其对应的微分形式为

$$\sum_{j=1}^{3N}\frac{\partial f_\alpha}{\partial u_j}\mathrm{d}u_j=0 \quad 或 \quad \sum_{j=1}^{3N}\frac{\partial f_\alpha}{\partial u_j}\mathrm{d}u_j+\frac{\partial f_\alpha}{\partial t}\mathrm{d}t=0, \quad \alpha=1,2,\cdots,l \tag{1.15}$$

式(1.15)即称为质点系约束方程的 Pfaff 型。

2. 非完整约束情形

对应的约束方程有限形式为

$$g_\beta(u_1,u_2,u_3,\cdots,u_{3N},\dot{u}_1,\dot{u}_2,\dot{u}_3,\cdots,\dot{u}_{3N})=0, \quad \beta=1,2,\cdots,m$$

或　　$g_\beta(u_1,u_2,u_3,\cdots,u_{3N},\dot{u}_1,\dot{u}_2,\dot{u}_3,\cdots,\dot{u}_{3N},t)=0,\quad \beta=1,2,\cdots,m$

g_β 可以是$(\dot{u}_1,\dot{u}_2,\dot{u}_3,\cdots,\dot{u}_{3N})$线性或非线性函数。当为线性函数时，可以表示为

$$\sum_{j=1}^{3N}A_{\beta j}\dot{u}_j=0\quad 或\quad \sum_{j=1}^{3N}A_{\beta j}\dot{u}_j+A_{\beta 0}=0,\quad \beta=1,2,\cdots,m$$

其对应的微分形式或 Pfaff 型为

$$\sum_{j=1}^{3N}A_{\beta j}\,\mathrm{d}u_j=0\quad 或\quad \sum_{j=1}^{3N}A_{\beta j}\,\mathrm{d}u_j+A_{\beta 0}\,\mathrm{d}t=0,\quad \beta=1,2,\cdots,m \tag{1.16}$$

其中 $A_{\beta j}$ 和 $A_{\beta 0}$ 是坐标的函数，对于非定常约束也是时间的函数。式(1.16)左端方程称为**线性齐次非完整约束**，右端方程称为**线性非齐次非完整约束**。

值得注意的是，若令 $A_{\alpha j}=\dfrac{\partial f_\alpha}{\partial u_j}$，$A_{\alpha 0}=\dfrac{\partial f_\alpha}{\partial t}$，则式(1.15)可以记为与式(1.16)完全相同的形式。所以，我们把质点系完整和非完整约束的约束方程的 Pfaff 型统一记为

$$\sum_{j=1}^{3N}A_{\gamma j}\,\mathrm{d}u_j+A_{\gamma 0}\,\mathrm{d}t=0,\quad \gamma=1,2,\cdots,l+m \tag{1.17}$$

1.2.3　Pfaff 型约束方程的可积条件

对于含有对坐标时间导数的约束方程，如何判断是否存在积分，是判断该约束是否为非完整约束的条件。几何约束和可积分的微分约束，均称为完整约束。下面只给出两种简单情形下 Pfaff 型约束方程可积的判别条件。

(1)若约束方程只有两个变量，即有如下形式

$$A(x,y)\mathrm{d}x+B(x,y)\mathrm{d}y=0 \tag{1.18}$$

则该 Pfaff 型约束一定是可积的。

(2)若约束方程有三个变量的情形，即有如下形式

$$A(x,y,z)\mathrm{d}x+B(x,y,z)\mathrm{d}y+C(x,y,z)\mathrm{d}z=0 \tag{1.19}$$

则 Pfaff 型约束完全可积的充分必要条件是

$$A\left(\frac{\partial B}{\partial z}-\frac{\partial C}{\partial y}\right)+B\left(\frac{\partial C}{\partial x}-\frac{\partial A}{\partial z}\right)+C\left(\frac{\partial A}{\partial y}-\frac{\partial B}{\partial x}\right)=0 \tag{1.20}$$

例 1.7　判断下面微分约束方程是否可积，或是否为完整约束

$$yz(y+z)\dot{x}+zx(z+x)\dot{y}+xy(x+y)\dot{z}=0 \tag{1.21}$$

解　将上述方程与式(1.19)对比，可知

$$A=yz(z+y),B=zx(z+x),C=xy(x+y)$$

则有

$$\frac{\partial A}{\partial y}=z(y+z)+yz,\frac{\partial A}{\partial z}=y(y+z)+yz$$

$$\frac{\partial B}{\partial x}=z(z+x)+zx,\frac{\partial B}{\partial z}=x(z+x)+zx$$

$$\frac{\partial C}{\partial x}=y(x+y)+xy,\frac{\partial C}{\partial y}=x(x+y)+xy$$

代入判别条件有

$$A\left(\frac{\partial B}{\partial z}-\frac{\partial C}{\partial y}\right)+B\left(\frac{\partial C}{\partial x}-\frac{\partial A}{\partial z}\right)+C\left(\frac{\partial A}{\partial y}-\frac{\partial B}{\partial x}\right)=0$$

所以，约束(1.21)是可积的，即是完整约束。

例 1.8 说明冰刀不允许横滑的约束为非完整约束，其约束方程为

$$\dot{x}_c\sin\theta-\dot{y}_c\cos\theta=0 \tag{1.22}$$

解 将式(1.22)写成 Pfaff 型的约束方程形式

$$\sin\theta\mathrm{d}x_c-\cos\theta\mathrm{d}y_c+0\mathrm{d}\theta=0$$

因此有

$$A=\sin\theta,B=-\cos\theta,C=0$$

代入可积判别条件得

$$A\left(\frac{\partial B}{\partial\theta}-\frac{\partial C}{\partial y}\right)+B\left(\frac{\partial C}{\partial x}-\frac{\partial A}{\partial\theta}\right)+C\left(\frac{\partial A}{\partial y}-\frac{\partial B}{\partial x}\right)=\sin^2\theta+\cos^2\theta=1$$

由此可知，约束(1.22)是不可积的，即是非完整约束。

1.3 可能位移与虚位移

1.3.1 可能位移

下面讨论由 N 个质点组成的质点系，每个质点相对于固定参考系$(Oxyz)$的原点 O 的矢径记为$\boldsymbol{r}_i(i=1,2,\cdots,N)$，位置可由 3 个笛卡儿坐标确定。质点系的 $3N$ 个坐标依次排列为$u_1,u_2,\cdots,u_{3N}$。若质点系同时存在 l 个完整约束和 m 个非完整约束，则各个质点在无限小时间间隔 $\mathrm{d}t$ 内所产生的无限小位移 $\mathrm{d}\boldsymbol{r}_i(i=1,2,\cdots,N)$ 或 $\mathrm{d}u_j(j=1,2,\cdots,3N)$ 必须受到约束方程的限制，即

$$\sum_{j=1}^{3N}A_{\gamma j}\mathrm{d}u_j+A_{\gamma 0}\mathrm{d}t=0,\quad \gamma=1,2,\cdots,l+m \tag{1.23}$$

满足约束方程(1.23)的无限小位移称为质点系的**可能位移**。对于定常约束的特殊情形，可能位移满足的约束方程是将式(1.23)中的 $A_{\gamma 0}$ 取零，并有如下形式

$$\sum_{j=1}^{3N}A_{\gamma j}\mathrm{d}u_j=0,\quad \gamma=1,2,\cdots,l+m \tag{1.24}$$

质点系实际发生的微小位移称为**实位移**，它是无数可能位移中的一个，除满足

约束方程(1.23)或(1.24)外，还必须满足动力学方程以及运动的初始条件。

1.3.2　虚位移

虚位移是静力学的基本概念，伯努利针对完整位形约束提出了此概念，而傅里叶将其扩展到了不等式约束。拉格朗日将虚位移的概念拓展应用到动力学领域，并在完整系统力学和非完整系统力学中得以应用。基于虚位移概念就有了下一章解决平衡问题的虚位移原理，而基于虚位移原理和达朗贝尔原理就可以建立起分析动力学的最基础的原理。因此，理解和掌握虚位移的概念对于分析静力学和分析动力学都十分重要。

虚位移是在给定时刻约束所允许的假想的无限小位移。

上述定义的关键点在于：首先，强调“在给定时刻”，即指这种位移不经历时间，约束是瞬时“凝固”在给定时刻所在的位置上；其次，强调“约束所允许”，即指这个位移不破坏约束；再次，强调“假想的”，即指这个位移不是真实的，而是虚设的；最后，强调“无限小”，即指这个位移不是有限的。

引入等时变分的符号 δ，各个质点的虚位移可表示为矢径或坐标的变分 $\delta \boldsymbol{r}_i$ $(i=1,2,\cdots,N)$ 或 δu_j $(j=1,2,\cdots,3N)$。将(1.23)和(1.24)中的 $\mathrm{d}u_j$ 换作 δu_j，$\mathrm{d}t$ 换作 δt，但由于等时变分意味着 $\delta t=0$，则虚位移应满足的约束条件为

$$\sum_{j=1}^{3N} A_{\gamma j}\,\delta u_j = 0,\quad \gamma = 1,2,\cdots,l+m \tag{1.25}$$

将式(1.25)与式(1.24)比较可以看出：在定常约束情形下，虚位移与可能位移完全相同。在非定常约束情形，式(1.25)一般不等同于式(1.23)，因此，虚位移也不等同于可能位移，在非定常约束情形下，可以明确：虚位移不同于可能位移。图 1.4 所示的固定支点单摆和移动支点单摆就展示了定常与非定常完整约束情形下，可能位移与虚位移的关系。

图 1.4 中物块 A 上铰接长度为 l 的无重刚杆 AB，AB 杆的另一端固结球 B。对图 1.4(a)，物块 A 在水平地面上保持静止，摆球 B 受到定常几何约束作用，绕 A 作半径为 l 的圆周运动。在某瞬时 t，摆球 B 位于(a)中所示位置，其虚位移和可能位移，$\delta \boldsymbol{r}$ 和 $\mathrm{d}\boldsymbol{r}$，都与 AB 垂直。对图 1.4(b)，物块 A 在水平地面上作直线平动，摆球 B 受到非定常几何约束作用。在某瞬时 t，摆球 B 位于(b)所示实线位置Ⅰ；在瞬时 $t+\mathrm{d}t$，系统运动到(b)中所示虚线位置Ⅱ。在系统由位形Ⅰ至Ⅱ的可能运动中，可能位移 $\mathrm{d}\boldsymbol{r}$ 不再垂直于 AB 了。至于瞬时 t 时 B 点的虚位移 $\delta \boldsymbol{r}$，则是在该瞬时把时间和系统位形都“凝固”住，因此 B 点的虚位移 $\delta \boldsymbol{r}$ 仍垂直于 AB。

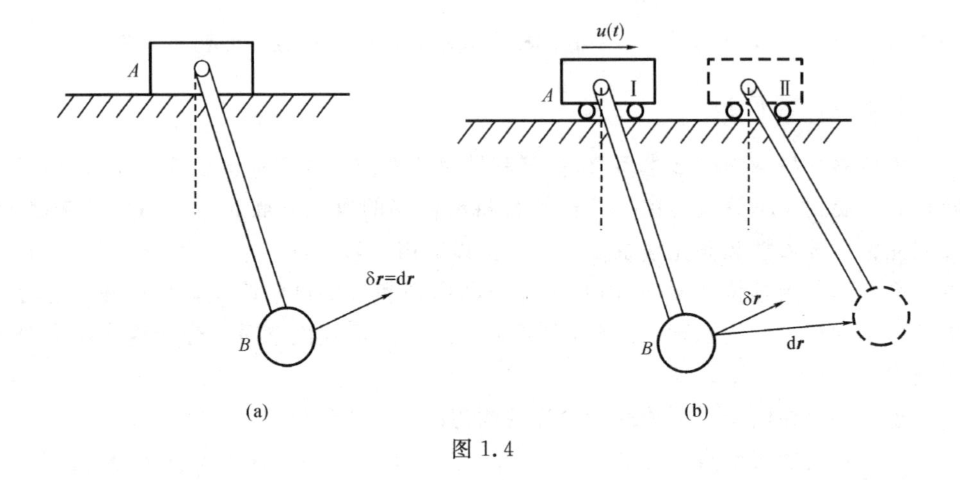

图 1.4

1.4 广义坐标和自由度

1.4.1 广义坐标

为了研究系统运动学需要选取适当的坐标。由欧氏空间的三维度坐标(如:直角坐标)过渡到广义坐标是牛顿力学过渡到拉格朗日力学的运动学准备。当力学系统有约束时,采用广义坐标较直角坐标更方便,而且是十分必要的。当采用广义坐标建立方程时,仅剩下非完整约束。特别是:在建立拉格朗日方程时并不需要事先选择一组特定的坐标。广义坐标是分析力学的特色,也是最早的高维空间概念,其摆脱了牛顿力学受古典欧氏几何的束缚。

广义坐标是能够确定系统各个质点位置或系统位形,所选取的一组独立变量。该组坐标具有满足所有完整约束的特性。

广义坐标比直角坐标意义更广泛。广义坐标可以是距离、角度、面积以及其他的量。特别地,曲线坐标,如平面上的极坐标、空间中的柱坐标和球坐标等,都可选作广义坐标。

例 1.9 小球 M_1 用 l_1 的轻杆拴于固定点 O,小球 M_2 用长 l_2 的轻杆拴于小球 M_1 上,系统运动保持在铅垂平面内。为确定系统的位置,可选小球 M_1 的坐标 (x_1,y_1) 和小球 M_2 的坐标 (x_2,y_2),如图 1.5 所示。这 4 个坐标变量之间有两个完整约束,即

$$x_1^2+y_1^2=l_1^2 \quad 和 \quad (x_2-x_1)^2+(y_2-y_1)^2=l_2^2$$

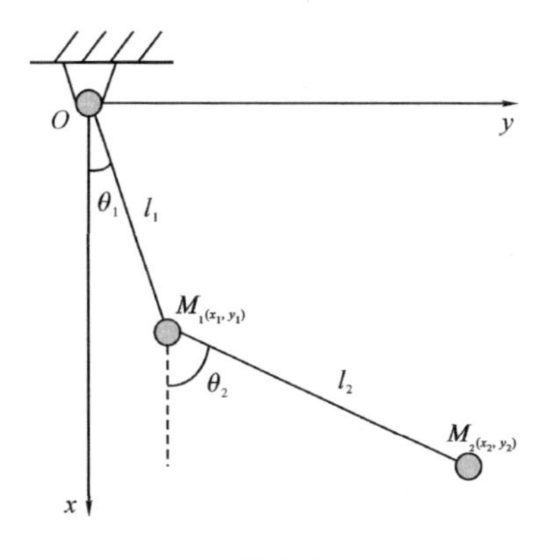

图 1.5

因此,只需从(x_1, y_1),(x_2, y_2)中各选一个,如选定 x_1,x_2,则 y_1,y_2 可由上面两式确定,于是便可确定系统的位置。但是,这并不是一个好的方案。若选轻杆与铅垂线的夹角 θ_1,θ_2 为坐标,则当 θ_1,θ_2 给定时,系统的位置完全确定。角度 θ_1,θ_2 就是广义坐标,此时,约束方程是自动满足的。而直角坐标可用广义坐标表示

$$x_1 = l_1 \cos\theta_1$$
$$y_1 = l_1 \sin\theta_1$$

和

$$x_2 = l_1 \cos\theta_1 + l_2 \cos\theta_2$$
$$y_2 = l_1 \sin\theta_1 + l_2 \sin\theta_2$$

例 1.10　一直杆以常角速度 ω 绕铅垂轴 Oz 转动,杆与轴 Oz 的夹角 α 为常值。杆上有一小环 M,小环可沿杆滑动。取小环对杆与轴 Oz 交点的距离 r 为坐标,如图 1.6 所示。试将小环的直角坐标(x, y, z)用广义坐标 r 表示出来。

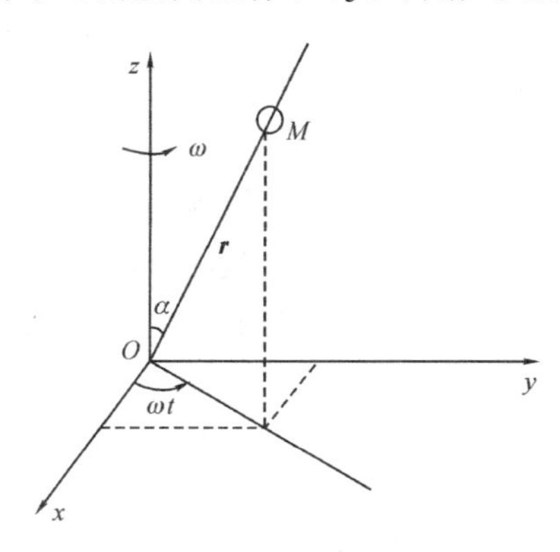

图 1.6

由图 1.6 容易看出：

$$x = r\sin\alpha\cos\omega t$$
$$y = r\sin\alpha\sin\omega t$$
$$z = r\cos\alpha$$

一般地，如果力学系统由 N 个质点组成，所受完整约束为式(1.15)，则可选 $n=3N-l$ 个广义坐标 $q_1, q_2, \cdots, q_n$，这时质点系所有质点的直角坐标可用广义坐标和时间来表示为

$$\left.\begin{aligned} x_i &= x_i(q_1, q_2, \cdots, q_n, t) \\ y_i &= y_i(q_1, q_2, \cdots, q_n, t) \\ z_i &= z_i(q_1, q_2, \cdots, q_n, t) \end{aligned}\right\} i = 1, 2, \cdots, N \tag{1.26}$$

相应的矢径可表示为

$$\boldsymbol{r}_i = \boldsymbol{r}_i(q_1, q_2, \cdots, q_n, t) \tag{1.27}$$

如果约束是定常的，则时间 t 不出现在方程(1.27)中，即有

$$\boldsymbol{r}_i = \boldsymbol{r}_i(q_1, q_2, \cdots, q_n) \tag{1.28}$$

为了求得质点系的运动，首先求出广义坐标 $q_s(s=1,2,\cdots,n)$ 随时间的变化规律，然后将其代入式(1.26)中，即可求出所有直角坐标 $x_i, y_i, z_i (i=1,2,\cdots,N)$ 随时间的变化规律。

1.4.2 自由度

自由度是某一固定时刻质点系的独立坐标变分数。

若 N 个质点组成的系统受 l 个完整约束限制，则 $3N$ 个笛卡儿坐标中只有 $3N-l$ 个独立变量，亦即有 $3N-l$ 独立坐标变分数，其自由度为 $k=3N-l$，与其广义坐标数相等。若系统除了 l 个完整约束外，还受 m 个非完整约束，则系统的自由度为 $k=3N-l-m$。可以看出，完整系统的自由度可以等于系统的广义坐标数，而非完整系统的自由度要小于系统的广义坐标数。值得指出的是：自由度是基于位形空间给出的定义，其无法阐释完整约束和非完整约束对系统运动约束作用的区别。该内容已超出本书的涉及范围，感兴趣的读者可关注相关文献。

例 1.11 一质点沿曲面 $f(x,y,z)=0$ 运动，试确定其自由度。

解 该系统用三个坐标描述，有一个约束方程，对应的虚位移(坐标变分)的限制条件为

$$\frac{\partial f}{\partial x}\delta x + \frac{\partial f}{\partial y}\delta y + \frac{\partial f}{\partial z}\delta z = 0$$

因此，该系统的独立坐标变分数或独立坐标数为 2，自由度是 2。

例 1.12　平面上两质点 A,B 用一长 l 的刚性杆连接，运动中杆中心 C 的速度被限制在沿杆方向，如图 1.7 所示，试求系统的自由度。

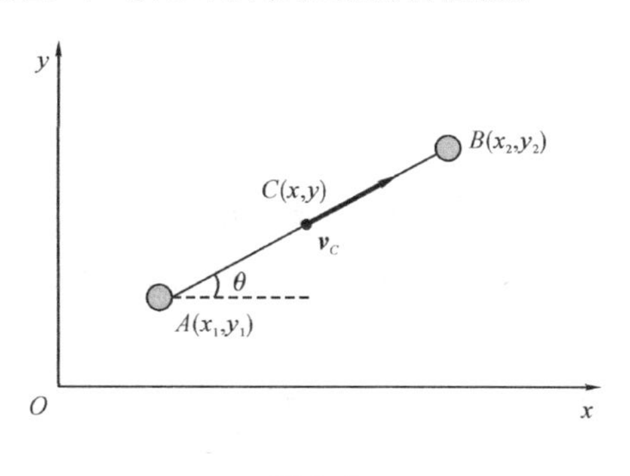

图 1.7

解　(1) 选 A 和 B 的坐标分别为 (x_1,y_1) 和 (x_2,y_2)，约束方程可表示为

$$(x_1-x_2)^2+(y_1-y_2)^2-l^2=0 \quad 和 \quad \frac{\dot{x}_1+\dot{x}_2}{x_1-x_2}=\frac{\dot{y}_1+\dot{y}_2}{y_1-y_2}$$

其中前一个约束是完整的，后一个约束是非完整的。而约束加在虚位移 $\delta x_1,\delta y_1,\delta x_2,\delta y_2$ 的限制表示为

$$(x_1-x_2)(\delta x_1-\delta x_2)+(y_1-y_2)(\delta y_1-\delta y_2)=0$$

$$\frac{\delta x_1+\delta x_2}{x_1-x_2}=\frac{\delta y_1+\delta y_2}{y_1-y_2}$$

可知，系统的独立坐标数是 3，而独立坐标变分数是 2，因此自由度为 2。

(2)若选杆中点 C 的坐标 (x,y) 以及杆对轴 Ox 的夹角 θ 为坐标，则这 3 个坐标是彼此独立的。限制杆中点 C 的速度仅能沿杆 AB 方向的非完整约束表示为

$$\dot{y}=\dot{x}\tan\theta$$

它对虚位移 $\delta x,\delta y,\delta\theta$ 的限制为：$\delta y=\delta x\tan\theta$。即，独立坐标变分数目是 2，因此自由度是 2。

1.5　理想约束

理想约束是分析静力学的基本假定，是由无摩擦约束演化而来，并涉及到约束力在虚位移上的功。牛顿力学中将力分类为内力和外力，而分析力学中将力分类为主动力和约束力。由于采用了与牛顿力学不同的力的分类方法，分析力学成功地将虚位移和虚功的概念扩展到动力学领域。理想约束是分析力学处理约束的一种有效手段。

1.5.1 实功与虚功

1. 力的实功

作用于质点上的力 $\boldsymbol{F}$ 与质点的无限小位移 $\mathrm{d}\boldsymbol{r}$ 的点积，称为力对质点所做的元功，记为

$$\Delta W = \boldsymbol{F} \cdot \mathrm{d}\boldsymbol{r} \tag{1.29}$$

式(1.29)中的力 $\boldsymbol{F}$ 可以是主动力或约束力；也可以是外力或内力。$\mathrm{d}\boldsymbol{r}$ 为质点的实位移。

力 $\boldsymbol{F}$ 在有限路径上的功就是元功沿该路径的积分，记为 W

$$W = \int_c \boldsymbol{F} \cdot \mathrm{d}\boldsymbol{r} = \int_c F_\tau \cdot \mathrm{d}s \tag{1.30}$$

其中：F_τ 为力在运动方向上的投影，$\mathrm{d}s$ 表示路径上的弧微元。

力系 $\boldsymbol{F}_i(i=1,2,\cdots,N)$ 的总元功和总功分别表示为

$$\Delta W = \sum_{i=1}^{N} \boldsymbol{F}_i \cdot \mathrm{d}\boldsymbol{r}_i \tag{1.31}$$

$$W = \sum_{i=1}^{N} \int_{c_i} \boldsymbol{F}_i \cdot \mathrm{d}\boldsymbol{r}_i \tag{1.32}$$

2. 力的虚功

力 $\boldsymbol{F}$ 在质点虚位移 $\delta\boldsymbol{r}$ 上所做的功，称为力的虚功，记为

$$\delta W = \boldsymbol{F} \cdot \delta\boldsymbol{r} \tag{1.33}$$

力系 $\boldsymbol{F}_i(i=1,2,\cdots,N)$ 的虚功和表示为

$$\delta W = \sum_{i=1}^{N} \boldsymbol{F}_i \cdot \delta\boldsymbol{r}_i \tag{1.34}$$

由于质点系的实位移往往与虚位移不同，因此，一般情形下力的实功与虚功是不同的。

1.5.1 理想约束

不论是完整的，还是非完整的双面约束，若满足约束力在质点系的任何虚位移上所做的元功之和均等于零，则称约束为**理想约束**。理想约束条件表示为

$$\sum_{i=1}^{N} \boldsymbol{R}_i \cdot \delta\boldsymbol{r}_i = 0 \tag{1.35}$$

其中 $\boldsymbol{R}_i$ 为作用在质点系中第 i 个质点上的约束力。

理想约束假定也是完全可能的。首先，为描述自然现象和大多数技术过程，这样的假定有足够的精确度。例如，复杂机构可看做刚体系统，其中刚体两两之间或

刚性联结,或以铰链联结,或以其表面相接触。如果认为所有刚性联结是绝对刚性的,铰链是理想的,而所有接触面或是理想光滑的,或是完全粗糙的,则复杂机构可当作具有理想约束的质点系。其次,如果约束是非理想的,摩擦力的虚功不为零,则可将摩擦力归为主动力来考虑。

例 1.13　质点被强制在一固定光滑曲面上运动(如图 1.8 所示)。虚位移 $\delta\boldsymbol{r}$ 发生在曲面点 P 的切平面上的任意方向,实位移 $\mathrm{d}\boldsymbol{r}$ 发生在切平面上的某个方向上。约束力 $\boldsymbol{R}$ 在曲面该点的法向方向,因此有

$$\boldsymbol{R}\cdot\mathrm{d}\boldsymbol{r}=0$$
$$\boldsymbol{R}\cdot\delta\boldsymbol{r}=0$$

约束力的实功与虚功皆为零,约束为理想约束。

例 1.14　一端固定的不可伸长的柔索(如图 1.9 所示)。柔索的约束力 $\boldsymbol{R}$ 总沿柔索方向并指向固定点 O,而实位移 $\mathrm{d}\boldsymbol{r}$ 和虚位移 $\delta\boldsymbol{r}$ 与柔索垂直,故有约束力的实功和虚功为零

$$\boldsymbol{R}\cdot\mathrm{d}\boldsymbol{r}=0$$
$$\boldsymbol{R}\cdot\delta\boldsymbol{r}=0$$

约束为理想约束。

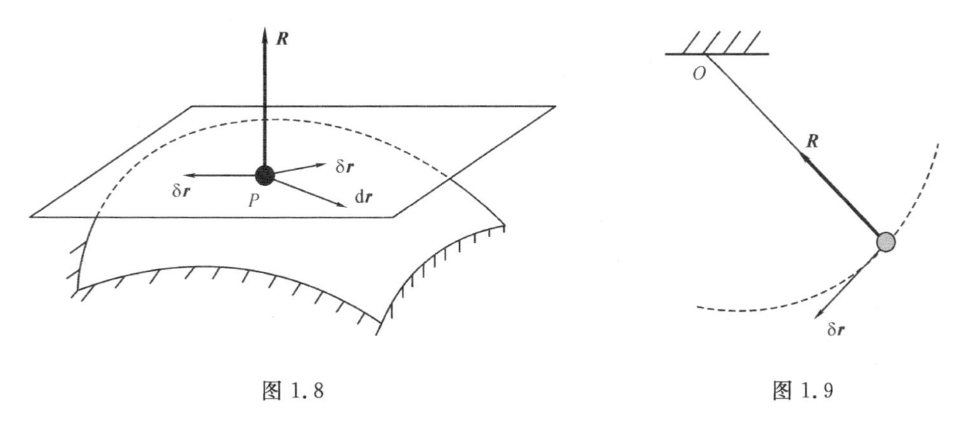

图 1.8　　图 1.9

例 1.15　物体沿固定曲面做无滑动的纯滚动(如图 1.10 所示)。摩擦力 $\boldsymbol{F}_{\mathrm{f}}$ 和法向反力 $\boldsymbol{F}_{\mathrm{N}}$ 在作用点 P 的实位移和虚位移均为零,所以此二力的实功和虚功亦为零,约束为理想约束。

$$\boldsymbol{F}_{\mathrm{N}}\cdot\mathrm{d}\boldsymbol{r}+\boldsymbol{F}_{\mathrm{f}}\cdot\mathrm{d}\boldsymbol{r}=\boldsymbol{0}$$
$$\boldsymbol{F}_{\mathrm{N}}\cdot\delta\boldsymbol{r}+\boldsymbol{F}_{\mathrm{f}}\cdot\delta\boldsymbol{r}=0$$

例 1.16　无质量的光滑铰链(如图 1.11 所示)。此时,铰链处杆 A 和杆 B 的虚位移 $\delta\boldsymbol{r}$ 和实位移 $\mathrm{d}\boldsymbol{r}$ 相同,而所受的约束力相反 $\boldsymbol{F}_A=-\boldsymbol{F}_B$,故有

$$\boldsymbol{F}_A \cdot \mathrm{d}\boldsymbol{r} + \boldsymbol{F}_B \cdot \mathrm{d}\boldsymbol{r} = 0$$

$$\boldsymbol{F}_A \cdot \delta\boldsymbol{r} + \boldsymbol{F}_B \cdot \delta\boldsymbol{r} = 0$$

所以实功和虚功皆为零,约束为理想约束。

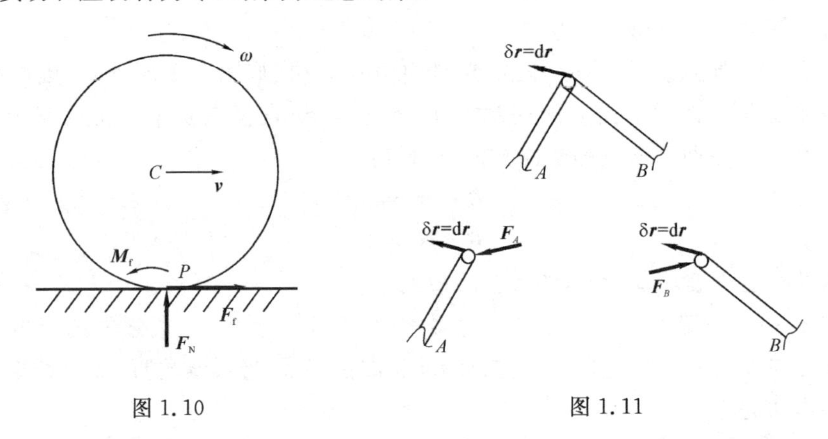

图 1.10 图 1.11

例 1.17 冰刀不允许横滑,则它与冰面接触点 P 的虚位移 $\delta\boldsymbol{r}$ 应沿冰刀平面与冰面的交线方向,而约束力 $\boldsymbol{R}$ 则作用在冰刀平面的横向。因此有

$$\boldsymbol{R} \cdot \delta\boldsymbol{r} = 0$$

该约束为双面理想非完整约束。

习 题

1.1 如题 1.1 图所示,质量为 m_1 和 m_2 的两重珠用长为 l 的不可伸长的轻绳联结,绳子跨过半径为 r 的定滑轮。假设绳子与滑轮之间无滑动,取 x_1,x_2 和 φ 为坐标,试列写系统在铅垂面内运动时的约束方程。

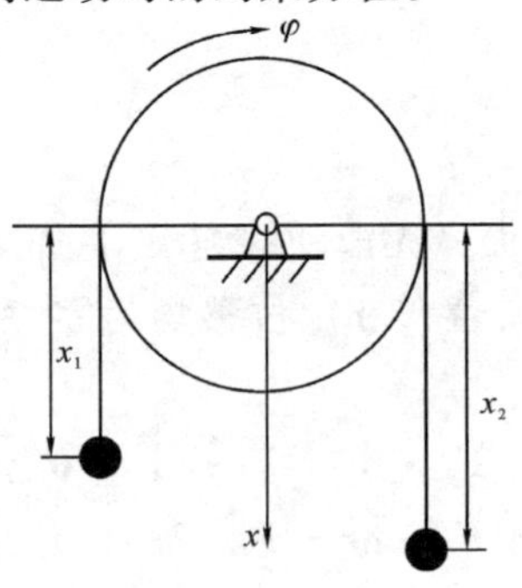

题 1.1 图

1.2　一长为 l 的匀质杆支承在水平地板上，并靠在高 $h<l$ 的墙上，如题图1.2所示。取 (x_1, y_1, x_2, y_2) 为杆位置坐标，试列写约束方程。

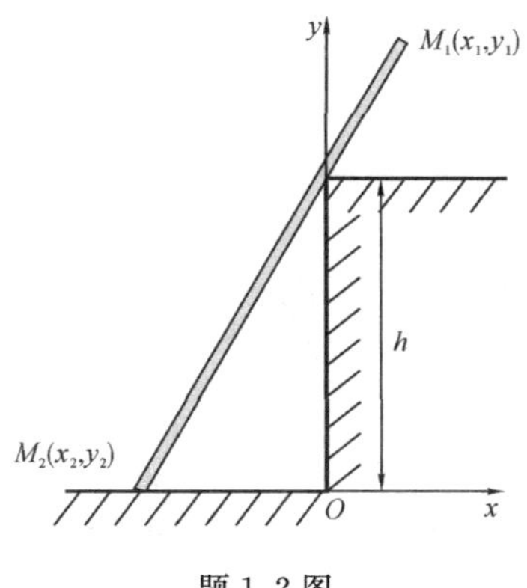

题 1.2 图

1.3　试判断约束 $\dot{x}(x^2+y^2+z^2)+2(x\dot{x}+y\dot{y}+z\dot{z})=0$ 是否完整约束。

1.4　试判断约束 $-\dot{x}\sin\theta+\dot{y}\cos\theta-l\dot{\theta}=0$ 是否完整约束。

1.5　两个质点坐标别为 (x_1, y_1, z_1) 和 (x_2, y_2, z_2)，用长为 l 的不可伸长软绳联结，并在空间运动，请写出该系统的约束方程。

1.6　一个机械手由 4 个刚体组成，如题 1.6 图所示。A 是球铰链，B，C，D 是 3 个平面铰链。求该机械手的自由度。

1.7　如题 1.7 图所示，一薄的铅垂平板可无摩擦地绕铅垂轴 Oz 匀速转动，质点 M 可无摩擦地沿平板上的直槽移动，则质点所受约束力的虚功为零，实功亦为零，此结论对否？

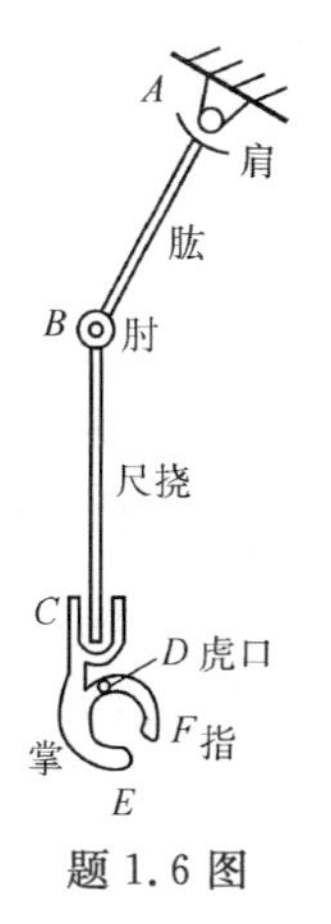

题 1.6 图

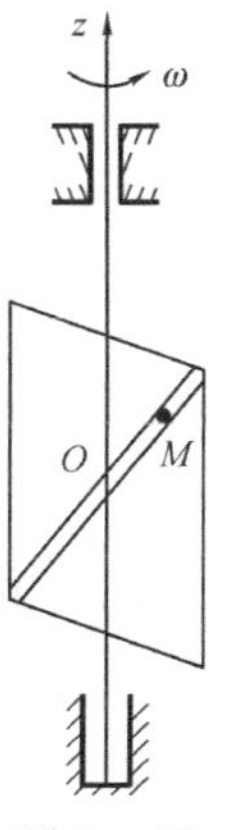

题 1.7 图

1.8 如题 1.8 图所示，半径为 R 的匀质圆球在一固定平面上自由运动，则有下列 3 种情形：(1)平面是完全光滑的；(2)平面是完全粗糙的；(3)平面是不完全粗糙的。问哪种情形约束是理想的？

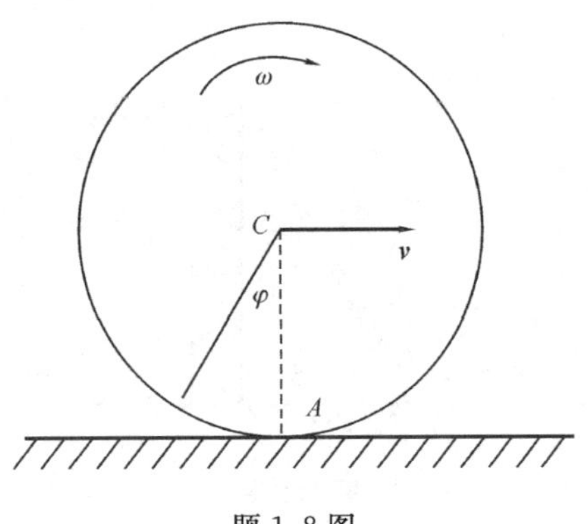

题 1.8 图

1.9 如题 1.9 图所示，电动机置于弹性基础上，在以下两种情形中：(1)转子等角速度旋转；(2)转子的转动规律未知。问系统自由度分别是多少？都是什么性质的约束？

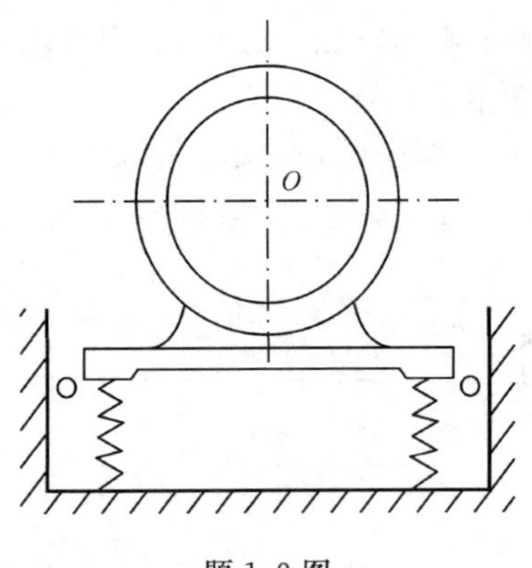

题 1.9 图

1.10 如题 1.10 图所示，大圆环绕 O 做定轴转动，小环 P 可在大环上滑动。试分析以下几种情况的约束性质、自由度与广义坐标：(1)大环上未作用外力偶，两环在任意给定的起始条件下运动；(2)大环上作用已知的力偶 M；(3)已知大环的运动规律为 $\varphi=\omega t$。

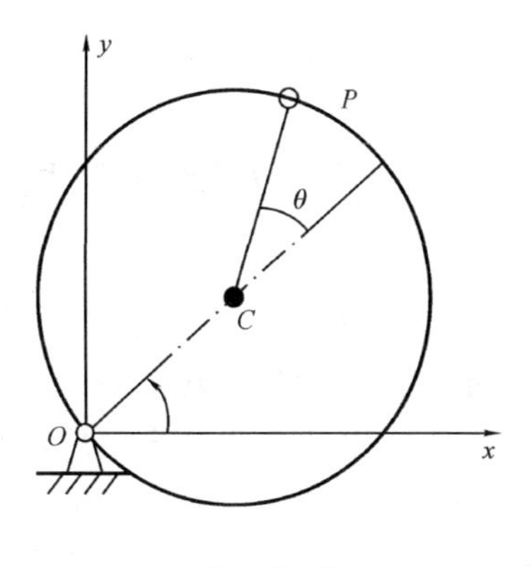

题 1.10 图

1.11　如题 1.11 图所示，由顶杆-尖劈组成的系统，设所有接触面、接触点都是光滑的。试证明，两物体在接触点 A 处的相互作用力的虚功之和为零。

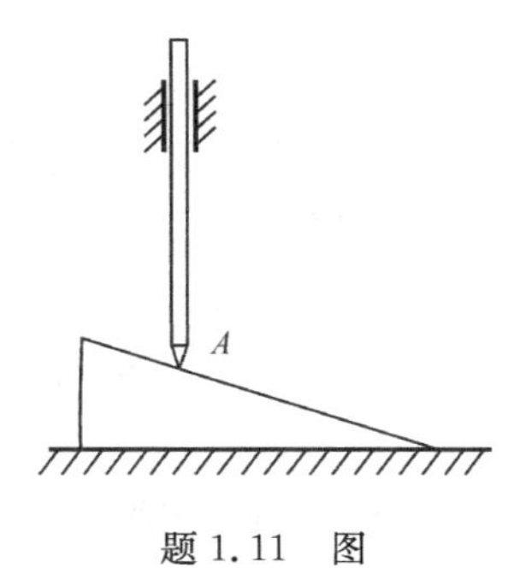

题 1.11　图

第2章　动力学普遍方程

除引入了广义坐标的概念外，拉格朗日力学形成的另一个重要方面就是将虚位移和虚功等静力学的概念扩展到动力学领域。为此，本章将首先介绍虚位移原理，其可以建立静力学的普遍方程，从而解决非自由质点系的静力学问题，是力学的一个基本原理。将虚位移原理与达朗贝尔原理相结合就形成了达朗贝尔-拉格朗日原理，其亦称为动力学普遍方程，是解决非自由质点系动力学问题的最基础的原理。由动力学普遍方程可以推导出经典力学中其它重要原理和动力学方程，可以说动力学普遍方程是分析动力学发展的基础。

2.1　虚位移原理

虚位移原理是分析静力学的最普遍的原理，它主要用于解决非自由质点系的静力学问题，当然它也适用于自由质点系。

虚位移原理一般表述为：**受双面理想约束的质点系，如在某位置处于静止状态，则其保持平衡的必要充分条件是，主动力在系统的任何虚位移上所做元功之和等于零。**

对于有 N 个质点的质点系，以 $\boldsymbol{F}_i$ 和 $\boldsymbol{R}_i$ 分别表示作用于质点 P_i 上的主动力合力和约束力合力，$\delta\boldsymbol{r}_i$ 为质点的任意虚位移(矢量)，则虚位移原理的矢量表达式为

$$\sum_{i=1}^{N}\boldsymbol{F}_i\cdot\delta\boldsymbol{r}_i=0 \tag{2.1}$$

其分量形式为

$$\sum_{i=1}^{N}(F_{ix}\delta x_i+F_{iy}\delta y_i+F_{iz}\delta z_i)=0 \tag{2.2}$$

在学习和掌握虚位移原理时，需要注意以下几点：

首先，虚位移原理的前提是约束为双面的、理想的，没有对约束是否完整，是否定常加以界定。当然，由于在静力学中只讨论静止、平衡问题，不涉及时间或时间的导数，故而不用涉及这两种约束类型。但在下一节中，基于虚位移原理和达朗贝尔原理来建立动力学普遍方程，完整准确地理解虚位移原理的前提就有着重要的现实意义了。

其次，方程(2.2)左端中力的分量表示沿直角坐标系坐标轴的投影，坐标的变

分与坐标轴的正方向相同。特别需要注意的是：尽管功是标量，但其为代数量，要保证所求功的符号正确性。坐标的变分总是以坐标轴的正向或转角的正向为正，因此力和力矩的符号应由与上述方向相同或相反来确定。

最后，可以将刚体看作为特殊的质点系，或看作质点系中的特殊元素，这样只要对方程(2.2)稍加改动即可用来讨论包含有刚体的力学系统的静止平衡问题。为此只需在方程(2.2)的左端增加刚体基点处合力所做的虚功项和绕基点力矩所做的虚功项即可。

虚位移原理在求解静力学问题时具有以下功用：

(1)若虚位移已知，则方程给出系统平衡时各主动力之间的关系表达式。对于多构件组成的系统，虚位移方程可避开或不需要求解出约束反力，即可讨论系统的平衡问题。而当需要求解某个约束反力时，只要解除相应的约束，以约束反力代之，并把其作为主动力处理即可。

(2)若作用在系统的力系已知，则方程给出系统平衡时各点虚位移之间的关系表达式。此时，可求解出系统的位移或各部件间的几何关系。

例 2.1　研究用铰链 A 和 B 联结的三个重杆 OA，AB，BC 的系统。铰链 O 不动，而系统在铅垂面 Oxy 借助三条水平线处于平衡，并且杆与铅垂线的夹角分别为 φ_1，φ_2，φ_3，各杆长分别为 l_1，l_2，l_3，杆重心到铰链的距离为 s_1，s_2，s_3(如图 2.1 所示)。需确定线的张力 $\boldsymbol{T}_1$，$\boldsymbol{T}_2$，$\boldsymbol{T}_3$。

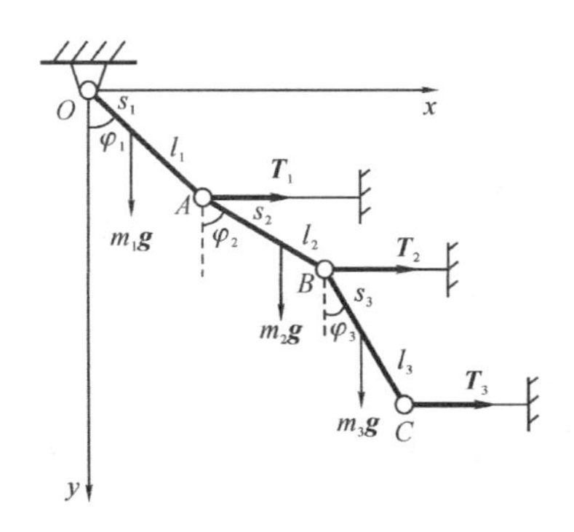

图 2.1

解　将三条水平线约束解除，分别代之以线受到的张力 $\boldsymbol{T}_1$，$\boldsymbol{T}_2$，$\boldsymbol{T}_3$。系统有 3 个自由度，取 φ_1，φ_2，φ_3 为广义坐标。

(1)解析法：约束张力作用方向的位置坐标为

$$x_A = l_1\sin\varphi_1,\ x_B = l_1\sin\varphi_1 + l_2\sin\varphi_2,\ x_C = l_1\sin\varphi_1 + l_2\sin\varphi_2 + l_3\sin\varphi_3 \quad \text{(a)}$$

而杆重力作用方向的坐标为

$$y_1 = s_1\cos\varphi_1, y_2 = l_1\cos\varphi_1 + s_2\cos\varphi_2,\ y_3 = l_1\cos\varphi_1 + l_2\cos\varphi_2 + s_3\cos\varphi_3 \tag{b}$$

由虚位移原理得

$$T_1\delta x_A + T_2\delta x_B + T_3\delta x_C + m_1 g\delta y_1 + m_2 g\delta y_2 + m_3 g\delta y_3 = 0 \tag{c}$$

坐标的变分如下

$$\delta x_A = l_1\cos\varphi_1\delta\varphi_1, \delta x_B = l_1\cos\varphi_1\delta\varphi_1 + l_2\cos\varphi_2\delta\varphi_2$$
$$\delta x_C = l_1\cos\varphi_1\delta\varphi_1 + l_2\cos\varphi_2\delta\varphi_2 + l_3\cos\varphi_3\delta\varphi_3 \tag{d}$$

及

$$\delta y_1 = -s_1\sin\varphi_1\delta\varphi_1,\ \delta y_2 = -l_1\sin\varphi_1\delta\varphi_1 - s_2\sin\varphi_2\delta\varphi_2$$
$$\delta y_3 = -l_1\sin\varphi_1\delta\varphi_1 - l_2\sin\varphi_2\delta\varphi_2 - s_3\sin\varphi_3\delta\varphi_3 \tag{e}$$

将式(d)(e)带入(c)得到

$$\{T_1 l_1\cos\varphi_1 - m_1 g s_1\sin\varphi_1 + T_2 l_1\cos\varphi_1 - m_2 g l_1\sin\varphi_1 +$$
$$T_3 l\cos\varphi_1 - m_3 g l_1\sin\varphi_1\}\delta\varphi_1 + \{T_2 l_2\cos\varphi_2 - m_2 g s_2\sin\varphi_2 +$$
$$T_3 l_2\cos\varphi_2 - m_3 g l_2\sin\varphi_2\}\delta\varphi_2 + \{T_3 l_3\cos\varphi_3 - m_3 g s_3\sin\varphi_3\}\delta\varphi_3 = 0 \tag{f}$$

因 $\delta\varphi_1, \delta\varphi_2, \delta\varphi_3$ 彼此独立，由式(f)的系数为零，得到

$$(T_1 + T_2 + T_3)l_1\cos\varphi_1 - g(m_1 s_1 + m_2 l_1 + m_3 l_1)\sin\varphi_1 = 0$$
$$(T_2 + T_3)l_2\cos\varphi_2 - g(m_2 s_2 + m_3 l_2)\sin\varphi_2 = 0$$
$$T_3 l_3\cos\varphi_3 - m_3 g s_3\sin\varphi_3 = 0$$

由此解得

$$T_1 = \left(m_1\frac{s_1}{l_1} + m_2 + m_3\right)g\tan\varphi_1 - \left(m_2\frac{s_2}{l_2} + m_3\right)g\tan\varphi_2$$
$$T_2 = \left(m_2\frac{s_2}{l_2} + m_3\right)g\tan\varphi_2 - m_3 g\frac{s_3}{l_3}\tan\varphi_3 \tag{g}$$
$$T_3 = m_3 g\frac{s_3}{l_3}\tan\varphi_3$$

(2)几何法：为求 T_3，可令点 A，B 不动，使杆 BC 绕点 B 发生虚转动 $\delta\varphi_3$，做功的力仅有 $m_3\boldsymbol{g}$ 和 T_3，虚位移原理给出

$$T_3 l_3\cos\varphi_3\delta\varphi_3 - m_3 g s_3\sin\varphi_3\delta\varphi_3 = 0$$

由 $\delta\varphi_3 \neq 0$，得到

$$T_3 = m_3 g\frac{s_3}{l_3}\tan\varphi_3$$

例 2.2 水平传动轴上安装有两个皮带轮(见图 2.2)，其直径分别为 $D_1=40$ cm，$D_2=50$ cm。轮 1 上的皮带与铅垂线夹角 $\alpha=20°$，轮 2 上的皮带水平放置，已知皮带张力大小为：$F_1=200$ N，$F_2=400$ N，$F_3=500$ N。设水平传动轴受力平衡，轴及带轮的自重忽略不计。试求张力 $\boldsymbol{F}_4$。

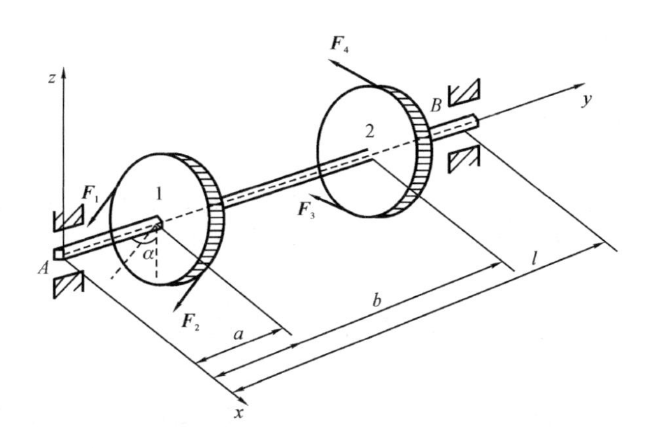

图 2.2　水平传动轴上安装有两个皮带轮

解　该系统有转轴转动的 1 个自由度，为此，取广义坐标为转轴的转角 φ（转动正向与 y 轴正方向相同）。

系统受到的主动力为：$\boldsymbol{F}_1$，$\boldsymbol{F}_2$，$\boldsymbol{F}_3$，$\boldsymbol{F}_4$，其中 $\boldsymbol{F}_4$ 待求。

根据虚位移原理可建立系统静力学方程，在此将采用两种不同方式处理。

方式一：由于讨论的是静力学问题，且忽略带轮的质量，所以可以不将带轮看作是刚体，而是只要确定主动力作用点处的虚位移，然后即可利用式(2.2)列出系统的静力学方程。

基于广义坐标可以容易求得各主动力作用点处的虚位移分别为

$$\delta s_1 = -\frac{D_1}{2}\delta\varphi,\ \delta s_2 = \frac{D_1}{2}\delta\varphi,\ \delta s_3 = \frac{D_2}{2}\delta\varphi,\ \delta s_4 = -\frac{D_2}{2}\delta\varphi$$

由虚位移原理得

$$F_1\delta s_1 + F_2\delta s_2 + F_3\delta s_3 + F_4\delta s_4 = 0$$

化简得

$$\left(-F_1\frac{D_1}{2} + F_2\frac{D_1}{2} + F_3\frac{D_2}{2} - F_4\frac{D_2}{2}\right)\delta\varphi = 0$$

由于 $\delta\varphi$ 为任意的，上式括号中项为零，并可解得

$$F_4 = 660\ \mathrm{N}$$

方式二：将皮带轮看作为定轴转动的刚体，虚位移为广义坐标（转角）的变分。此时，主动力需看作为作用在皮带轮上的力矩。此时采用方程(2.2)的扩展形式（详见式(2.2)下的讨论），为此确定两个皮带轮所受的力矩分别为

$$M_1 = (-F_1 + F_2)\frac{D_1}{2},\ M_2 = (F_3 - F_4)\frac{D_2}{2}$$

此时，虚位移原理可以表示为

$$M_1\delta\varphi + M_2\delta\varphi = 0$$

由于 $\delta\varphi$ 为任意的，可得 $M_1+M_2=0$，并可解得

$$F_4 = 660\ \mathrm{N}$$

采用此种方式，可以在下面基于动力学普遍方程讨论动力学问题时，更自然地过渡到考虑刚体的惯性效应并建立刚体的动力学方程上。

2.2 广义力表示的虚位移原理

第1章介绍的广义坐标概念，将包括描述平移的直线坐标、曲线坐标以及描述转动的转角坐标等，不同量纲形式的变量统一看作为(广义)坐标。为了基于不同量纲形式的广义坐标的虚位移来表示虚功，有必要将力的概念加以推广，为此，下面给出广义力的定义。

对于有 N 个质点的质点系，其自由度为 k，可以选取 $n=k$ 个广义坐标 q_j，$j=1,2,\cdots,k$，以 $\boldsymbol{F}_i$ 表示作用于质点 P_i 上的主动力合力，$\delta\boldsymbol{r}_i$ 为质点 P_i 的任意虚位移。这时质点系各个质点的位置矢径可表示为广义坐标的函数，即

$$\boldsymbol{r}_i = \boldsymbol{r}_i(q_1,q_2,\cdots,q_n,t),\quad i=1,2,\cdots,N \tag{2.3}$$

将各质点的虚位移用坐标 q_j，$j=1,2,\cdots n$ 的等时变分表示，有

$$\delta\boldsymbol{r}_i = \sum_{j=1}^{k}\frac{\partial r_i}{\partial q_j}\delta q_j,\quad i=1,2,\cdots,N \tag{2.4}$$

在此虚位移下，力系 $\{\boldsymbol{F}_i\}$，$i=1,2,\cdots,N$ 所作的虚功之和为

$$\delta W = \sum_{i=1}^{N}\boldsymbol{F}_i\cdot\delta\boldsymbol{r}_i = \sum_{i=1}^{N}\boldsymbol{F}_i\cdot\sum_{j=1}^{k}\frac{\partial\boldsymbol{r}_i}{\partial q_j}\delta q_j = \sum_{j=1}^{k}\left(\sum_{i=1}^{N}\boldsymbol{F}_i\cdot\frac{\partial\boldsymbol{r}_i}{\partial q_j}\right)\delta q_j = \sum_{j=1}^{k}Q_j\delta q_j \tag{2.5}$$

式中对应于广义虚位移 δq_j 前的系数 Q_j 称为**广义力**。因为 Q_j 与广义虚位移 δq_j 相乘，即 $Q_j\delta q_j$，为功的单位。因此，若 q_j 的量纲为长度，则相应的广义力的量纲是力，若 q_j 的量纲为角度，则相应的广义力的量纲是力矩。

式(2.5)说明：力系 $\{\boldsymbol{F}_i\}$，$i=1,2,\cdots,N$ 所做的虚功之和等于各个广义力 Q_j 在相应广义虚位移 δq_j 上所做虚功之和。

为了计算广义力 Q_j，可以采用以下不同方法。

(1)利用广义力的公式，写出广义力的直角坐标形式，即

$$Q_j = \sum_{i=1}^{N}\left(F_{ix}\frac{\partial x_i}{\partial q_j}+F_{iy}\frac{\partial y_i}{\partial q_j}+F_{iz}\frac{\partial z_i}{\partial q_j}\right),\quad j=1,2,\cdots,k \tag{2.6}$$

其中 x_i，y_i，z_i 为质点 P_i 的位置坐标，其可以表示为广义坐标的函数。

(2)在求某一广义力 Q_j 时,可令第 j 个广义坐标 q_j 产生广义虚位移 δq_j,而令其余广义坐标保持不变(对应的广义虚位移为零),然后计算系统所有主动力在广义虚位移 δq_j 上的元功和 δW。由式(2.5)得 $\delta W = Q_j \delta q_j$,所有可以求得

$$Q_j = \frac{\delta W}{\delta q_j}, \quad j = 1,2,\cdots,k \tag{2.7}$$

对于所有广义坐标依次按上述方法,即可求得每个广义坐标对应的广义力。

(3)若力系$\{\boldsymbol{F}_i\}$,$i=1,2,\cdots,N$ 中所有力均为有势力,即系统处于势力场中,相应的势能为 $V=V(x_i,y_i,z_i,t)$,$i=1,2,\cdots,N$,则各个质点合力 $\boldsymbol{F}_i$ 的分量可以表示为

$$F_{ix} = -\frac{\partial V}{\partial x_i},\ F_{iy} = -\frac{\partial V}{\partial y_i},\ F_{iz} = -\frac{\partial V}{\partial z_i} \tag{2.8}$$

将(2.8)代入(2.6)有

$$Q_j = \sum_{i=1}^{N}\left(-\frac{\partial V}{\partial x_i}\frac{\partial x_i}{\partial q_j} - \frac{\partial V}{\partial y_i}\frac{\partial y_i}{\partial q_j} - \frac{\partial V}{\partial z_i}\frac{\partial z_i}{\partial q_j}\right) \tag{2.9}$$

当采用广义坐标时,x_i,y_i,z_i,$i=1,2,\cdots,N$ 均为广义坐标 q_j,$j=1,2,\cdots,k$ 的函数,势能 $V=V(x_i,y_i,z_i,t)$,$i=1,2,\cdots,N$ 也是广义坐标 q_j,$j=1,2,\cdots,k$ 的函数,则其对 q_j 的偏导为

$$\frac{\partial V}{\partial q_j} = \sum_{i=1}^{N}\left(\frac{\partial V}{\partial x_i}\frac{\partial x_i}{\partial q_j} + \frac{\partial V}{\partial y_i}\frac{\partial y_i}{\partial q_j} + \frac{\partial V}{\partial z_i}\frac{\partial z_i}{\partial q_j}\right) \tag{2.10}$$

比较式(2.9)与式(2.10),可知

$$Q_j = -\frac{\partial V}{\partial q_j}, \quad j = 1,2,\cdots,k \tag{2.11}$$

下面给出广义力表示的虚位移原理。将式(2.5)与虚位移原理表达式(2.1)对比可以得到

$$\delta W = \sum_{j=1}^{k} Q_j \delta q_j = 0 \tag{2.12}$$

式(2.6)即为广义力表示的虚位移原理。其可以表述为:**受双面理想约束的质点系,如在某位置处于静止状态,则其保持平衡的必要充分条件是,广义力在系统的任何广义虚位移上所做元功之和等于零。**

由于广义坐标变分 δq_j 的任意性且相互独立,因此有

$$Q_j = 0, \quad j = 1,2,\cdots,k \tag{2.13}$$

平衡条件又体现为:广义力等于零。

当系统处于势力场中时,式(2.12)可以改写为如下形式

$$\delta W = \sum_{j=1}^{k} Q_j \delta q_j = -\sum_{j=1}^{k}\frac{\partial V}{\partial q_j}\delta q_j = -\delta V = 0 \tag{2.14}$$

由此可得:**如果主动力均为有势力的系统处于静止状态,则系统保持平衡的必要充分条件是:系统势能的一阶变分为零,即势能取得驻值。**

例 2.3 如图 2.3 所示,重量分别为 $3P$ 和 P 的 A,B 物体系在无重不伸长的绳子的两端,绳子中间绕过滑轮 C,D,E,滑轮 D 为动滑轮,其轴上挂有物体 H,物体 A 放在粗糙的水平面上。求当系统平衡时物体 H 的重量 P_H 和物体 A 与水平面间的摩擦系数。

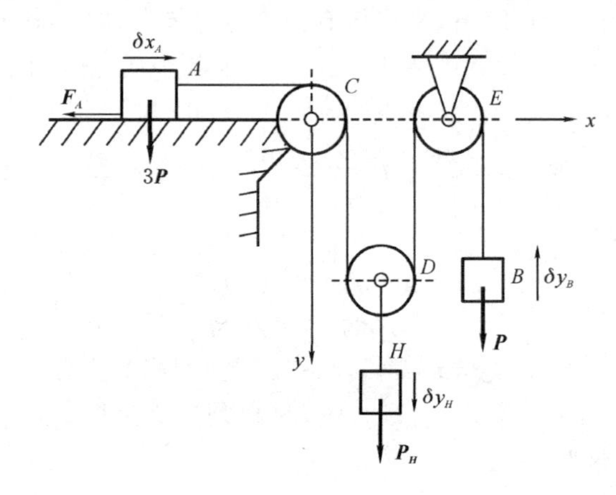

图 2.3

解 物体 A,B 和 H 的位置坐标分别记为 x_A,y_B 和 y_H;由于绳子长度不变,系统存在一个约束关系,故有两个自由度。

选取 x_A 和 y_B 为广义坐标,将摩擦力 $\boldsymbol{F}_A$ 视为主动力,则系统受到约束为理想约束。

令 $\delta y_B=0$,给物体 A 虚位移 δx_A,则物体 H 相应的虚位移 $\delta y_H=\delta x_A/2$。主动力所做的虚功和为

$$\delta W=-F_A\delta x_A+P_H\delta y_H=\left(-F_A+\frac{P_H}{2}\right)\delta x_A$$

由此对应于广义坐标 x_A 的广义力为

$$Q_A=\frac{\delta W}{\delta x_A}=-F_A+\frac{P_H}{2}$$

平衡时,$Q_A=0$,则有

$$F_A=\frac{P_H}{2} \tag{a}$$

再令 $\delta x_A=0$,给物体 B 虚位移 δy_B,有 $\delta y_H=\delta y_B/2$。主动力所做的虚功和为

$$\delta W = -P\delta y_B + P_H\delta y_H = \left(-P + \frac{P_H}{2}\right)\delta y_B$$

同理可得

$$P = \frac{P_H}{2} \tag{b}$$

将(b)与(a)对比可知，$F_A = P$。因此，系统平衡时，摩擦系数为

$$f \geqslant \frac{F_A}{3P} = \frac{1}{3}$$

2.3　动力学普遍方程

对于有 N 个质点的质点系受到理想约束且处于运动状态，以 $\boldsymbol{F}_i$ 和 $\boldsymbol{R}_i$ 分别表示作用于质点 P_i 上的主动力合力和约束反力合力，m_i 为质点的质量，$\boldsymbol{a}_i$ 为质点的加速度。根据牛顿第二定律，在任一瞬时有

$$m_i\boldsymbol{a}_i = \boldsymbol{F}_i + \boldsymbol{R}_i,\quad i = 1,2,\cdots,N$$

上式可以写为

$$\boldsymbol{R}_i - m_i\boldsymbol{a}_i + \boldsymbol{F}_i = 0,\quad i = 1,2,\cdots,N \tag{2.15}$$

式(2.15)说明，在任一瞬时，作用在质点上的主动力 $\boldsymbol{F}_i$，约束反力 $\boldsymbol{R}_i$ 和假想的惯性力 $-m_i\boldsymbol{a}_i$ 组成平衡力系，其称为达朗贝尔原理。或记为

$$\boldsymbol{F}_i - m_i\ddot{\boldsymbol{r}}_i = -\boldsymbol{R}_i,\quad i = 1,2,\cdots,N \tag{2.16}$$

其中 $\ddot{\boldsymbol{r}}_i$ 为第 i 个质点的加速度，记 $\boldsymbol{F}_{\mathrm{I}i} = -m_i\ddot{\boldsymbol{r}}_i$ 为惯性力。

由达朗贝尔原理发展起来的动静法，理论上与动量和动量矩定理等价，应用上可以利用静力学中的各种平衡方程及解题技巧。达朗贝尔原理在牛顿力学向拉格朗日力学发展过程中发挥了重要的历史作用。

达朗贝尔原理将动力学问题归结为静力学问题，即归结为所有施加在质点系上的力(包括惯性力)作用下的平衡问题。按照静力学平衡的虚位移原理，质点系平衡的必要和充分条件是:双面理想约束下，所有作用在质点系上的主动力在任何虚位移上所做的元功之和等于零。结合上述两条力学的基本原理并应用到运动的质点系上，可以得到在主动力和惯性力作用下质点系的平衡条件，可以表达为

$$\sum_{i=1}^{N}(\boldsymbol{F}_i - m_i\ddot{\boldsymbol{r}}_i)\cdot\delta\boldsymbol{r}_i = 0 \tag{2.17}$$

这就是双面理想约束下的**达朗贝尔-拉格朗日原理**。其表述如下：**具有双面理想约束的质点系，在运动的每一瞬时，作用于质点系上的主动力和惯性力，在质点系该瞬时所在位置的任何虚位移上所做元功之和等于零。**式(2.17)即所谓的**动力学普**

遍方程。

正如本章开篇所述，动力学普遍方程是解决非自由质点系动力学问题的最基础的原理。由动力学普遍方程可以推导出经典力学中极其重要的原理和动力学方程。将该方程冠以“普遍方程”强调了该原理无论对于完整力学系统，还是非完整力学系统均是适用的。而基于动力学普遍方程推导或建立其它原理和方程时，往往要增加限制条件，因此，要特别注意相关衍生原理或方程的适用范围。

另外，在利用动力学普遍方程建立系统方程时，往往采用式(2.17)的分量形式，其可以表示为

$$\sum_{i=1}^{N}\left[(F_{ix}-m_i\ddot{x}_i)\delta x_i+(F_{iy}-m_i\ddot{y}_i)\delta y_i+(F_{iz}-m_i\ddot{z}_i)\delta z_i\right]=0 \quad (2.18)$$

在使用方程(2.18)建立系统动力学方程时，类似于虚位移原理，(2.18)左端中主动力的分量表示沿直角坐标系坐标轴的投影，坐标的变分与坐标轴的正方向相同。特别需要注意的是：惯性力的方向总是与加速度分量的方向相反。因此，可以将方程(2.18)左端每个括号里的项看作为：主动力分量加上该方向上惯性力分量。而惯性力分量可由质点的质量乘以质点在该方向上的加速度再冠以负号求得，如下面例子所示。

例 2.4 在离心调速器中(如图 2.4 所示)，质点 A 和 B 的质量均为 m，套筒 C 的质量为 m_1，忽略摩擦及套筒尺寸，且不计各杆的质量。(1) 当调速器以匀角速度 ω 旋转时，求套筒的上升高度；(2)设当调速器不旋转时 $\varphi=0$，若使套筒始终不能升高，调速器的转速要小于何值？

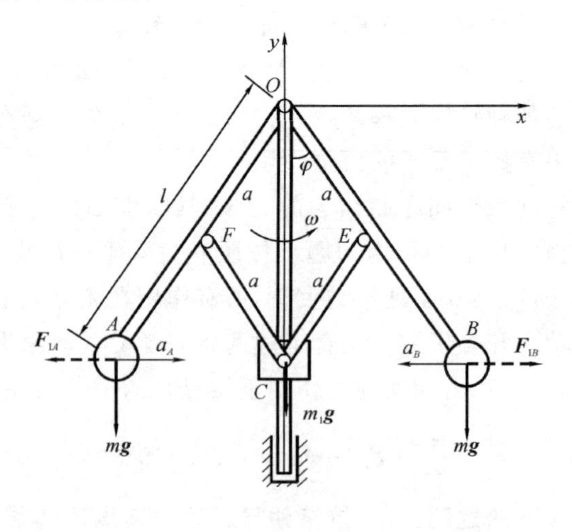

图 2.4

解　系统是对称结构，受到理想约束，具有一个自由度。取 OB 杆与铅直轴的夹角 φ 为广义坐标。建立固定直角坐标系 Oxy，得到

$$x_A = -l\sin\varphi, x_B = l\sin\varphi, y_A = y_B = -l\cos\varphi, y_C = -2a\cos\varphi$$

相应的坐标变分为

$$\delta x_A = -l\dot{\varphi}\cos\varphi\delta\varphi, x_B = l\dot{\varphi}\cos\varphi\delta\varphi, y_A = y_B = l\dot{\varphi}\sin\varphi\delta\varphi, y_C = 2a\dot{\varphi}\sin\varphi\delta\varphi \quad \text{(a)}$$

对于第(1)问，当调速器以匀角速度 ω 旋转时，系统中产生虚功的主动力有两重球及套筒的重力 mg, m_1g；受到的惯性力有

$$F_{IA} = -ma_A, F_{IB} = -ma_B, F_{IC} = 0, a_A = -a_B = l\omega^2\sin\varphi \quad \text{(b)}$$

由动力学普遍方程得

$$F_{IA}\delta x_A + F_{IB}\delta x_B - mg\delta y_A - mg\delta y_B - m_1g\delta y_C = 0 \quad \text{(c)}$$

将式(a)和(b)带入到式(c)，解出

$$\cos\varphi = \frac{ml + m_1a}{ml^2\omega^2}g \quad \text{(d)}$$

因此，当调速器以匀角速度 ω 旋转时，套筒 C 的上升高度 h 为

$$h = 2a - 2a\cos\varphi，\text{亦即 } h = 2a - \frac{2a(ml + m_1a)}{ml^2\omega^2}g$$

对于第(2)问，若使套筒始终不能升高，对式(d)分析，则有 $\omega \leqslant \frac{1}{l}\sqrt{\frac{ml+m_1a}{m}g}$。

例 2.5　如图 2.5 所示，质量分别为 m_1, m_2 的物块 1 和物块 2 用缆绳和滑轮连在质量为 M 的小车上。小车受有水平推力 $\boldsymbol{F}$。忽略所有摩擦力。试用动力学普遍方程确定：在什么条件下两物块恰好以定常速度相对于小车运动？

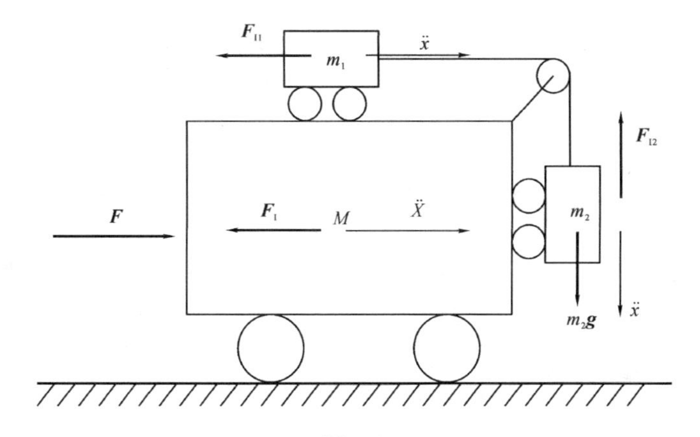

图 2.5

解　系统受到理想约束，具有 2 个自由度。小车沿水平直线运动，两物块相对于小车作直线运动，且物块 1 相对于小车的位移恰等于物块 2 相对于小车的位移。取小车水平位移 X 和物块相对于小车的水平位移 x 为广义坐标。系统受到的力有 $\boldsymbol{F}$ 和 $m_2\boldsymbol{g}$，及小车的惯性力 $\boldsymbol{F}_{\mathrm{I}}$、物块 1 相对于小车的惯性力 $\boldsymbol{F}_{\mathrm{I1}}$、物块 2 相对于小车的惯性力 $\boldsymbol{F}_{\mathrm{I2}}$，即

$$F_{\mathrm{I}}=-M\ddot{X},F_{\mathrm{I1}}=-m_1(\ddot{X}+\ddot{x}),F_{\mathrm{I2}x}=-m_2\ddot{X},F_{\mathrm{I2}y}=-m_2\ddot{x}$$

由动力学普遍方程得

$$(F-M\ddot{X})\delta X+(-m_1\ddot{X}-m_1\ddot{x})\delta(X+x)+(-m_2\ddot{X})\delta X+(m_2g-m_2\ddot{x})\delta x=0$$

运动方程为

$$F-(M+m_1+m_2)\ddot{X}-m_1\ddot{x}=0$$

$$m_2g-m_1(\ddot{x}+\ddot{X})-m_2\ddot{x}=0$$

当两物块恰好以定常速度相对于小车运动时，有 $\ddot{x}=0$，由此可以解出

$$F=(M+m_1+m_2)\frac{m_2}{m_1}g$$

习　题

2.1　组合梁结构尺寸及所受荷载如题 2.1 图所示，求固定端支座 A 的约束反力。

2.2　匀质杆 OA 和 AB 用铰链 A 连接，铰链 O 固定，如题 2.2 图所示。两杆的长度分别为 l_1 和 l_2，重量为 P_1 和 P_2。在端点 B 处作用一水平力 $\boldsymbol{F}$，求平衡时杆与铅垂线所成的夹角 α 和 β。

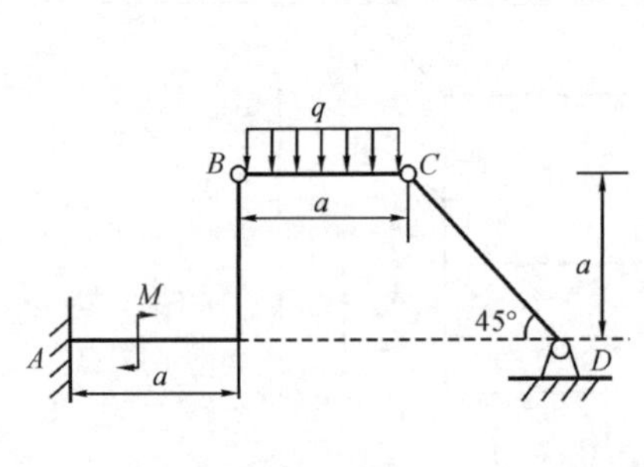

题 2.1 图

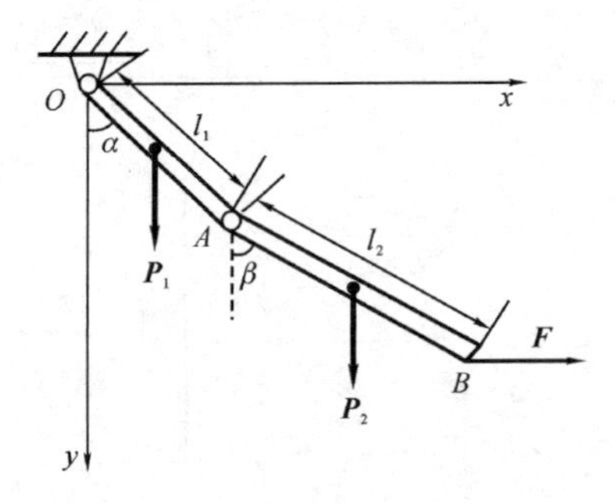

题 2.2 图

2.3　如题 2.3 图所示，一滑轮组用来悬挂两重物 A 和 B，重为 $\boldsymbol{P}_A$ 和 $\boldsymbol{P}_B$，设绳子和滑轮的重量及摩擦均不计。求当两重物平衡时，重物 A 与 B 之间的关系，以

及重物 B 的重心位置。

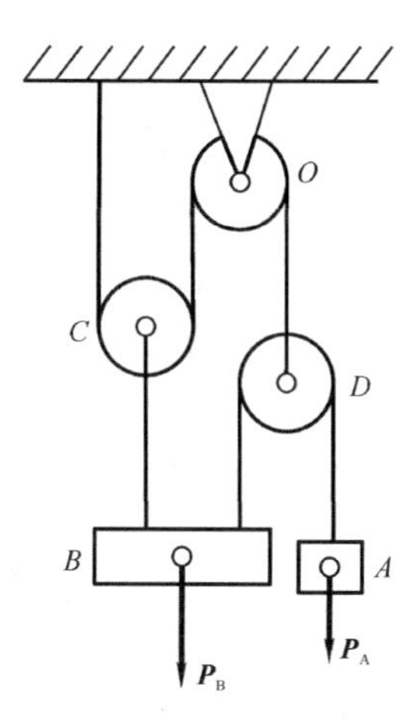

题 2.3 图

2.4 如题 2.4 图所示，两重物分别重为 $\boldsymbol{P}_1$ 和 $\boldsymbol{P}_2$ 连接在细绳的两端，分别放在倾角为 α 和 β 的斜面上，绳子绕过定滑轮与一动滑轮相连，动滑轮的轴上挂一重量为 $\boldsymbol{P}$ 的重物，设绳子和滑轮的重量及摩擦均不计。试求平衡时 $\boldsymbol{P}_1$ 和 $\boldsymbol{P}_2$ 的值。

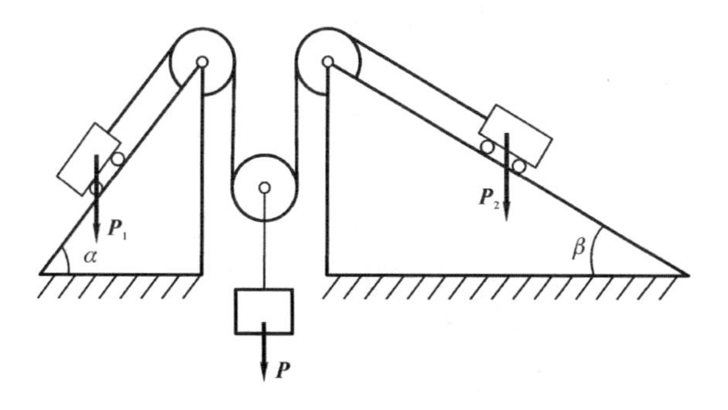

题 2.4 图

2.5 滑轮组如题 2.5 图所示，各段绳索铅直下垂，重物 A 和 B 分别重 P_1 和 P_2，设绳子和滑轮的重量及摩擦均不计。试求重物 B 的加速度。

2.6 如题 2.6 图所示，转动力矩 $\boldsymbol{M}$ 作用在质量不计的曲柄上，带动半径为 r 的齿轮Ⅰ在半径为 R 的定齿轮Ⅱ内滚动。如齿轮Ⅰ的质量为 m，对质心的转动惯量为 I_c，机构在水平面内运动。求曲柄的角加速度。

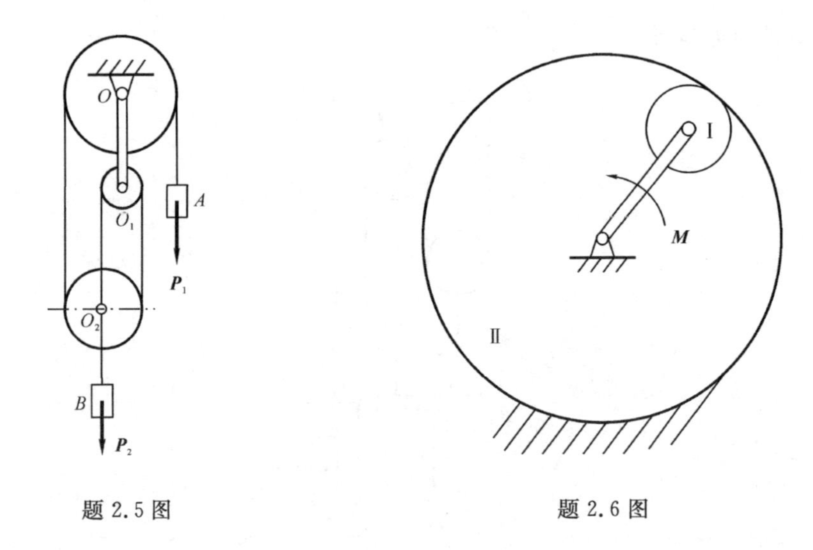

题 2.5 图　　题 2.6 图

2.7 离心式转速表由两个质量均为 m 的小球 A 与 B，一个质量为 m_1 的滑套 C，和一根扭转刚度系数为 k 的盘簧组成，A，B 间用杆 AB 相连，而滑套则用杆 AC 与球 A 相连，杆 AB 可绕与铅直轴 O_1O_2 垂直的轴 O 转动，如题 2.7 图所示。已知 AB 杆与 O_1O_2 轴的初始夹角为 φ_0，且 $OA=OB=AC=l$，各杆质量及摩擦忽略不计。试用转角 φ 来表示轴 O_1O_2 的角速度。

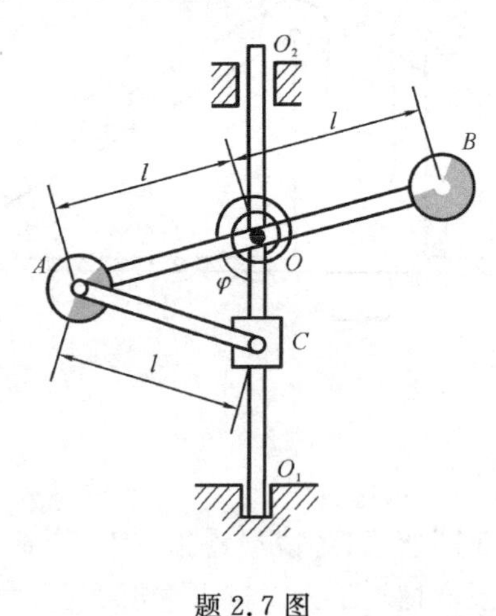

题 2.7 图

2.8 如题 2.8 图所示，质量为 m_1，半径为 r 的匀质圆柱体 A 上绕一细绳，细绳的一端跨过滑轮与质量为 m_2 的物体 B 相连。已知物体 B 与水平面间的摩擦系数为 f，略去滑轮质量。系统开始时处于静止，求 A，B 两物体的加速度。

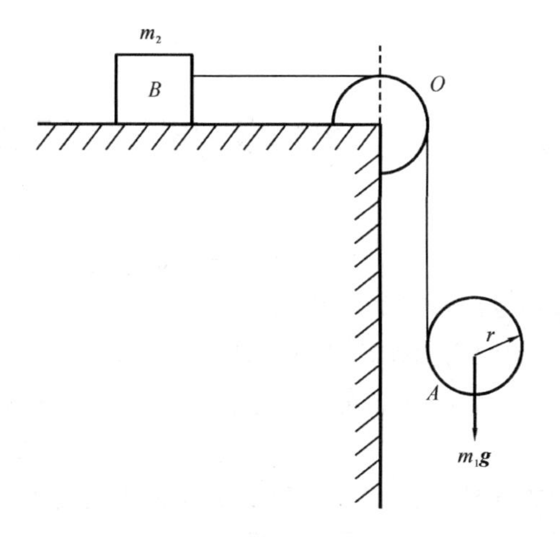

题 2.8 图

第3章 拉格朗日方程

拉格朗日力学不同于牛顿力学的一个重要特征就是使用了动能、势能和功等标量，而非力、力矩等矢量。运用能量的观点是将系统作为一个整体的处理问题方法，通过能量的改变来刻画力的作用效果。基于动力学普遍方程，拉格朗日通过采用广义坐标推导了一种由系统动能对广义坐标和广义速度的偏导数表示的动力学普遍方程的形式，是物理量易于计算的动力学方程。对于完整系统，上述方程可以化为与自由度相等个数的独立方程，即:第二类拉格朗日方程，其被认为是经典力学发展过程中继牛顿定律后的又一重要的里程碑。为了既保持第二类拉格朗日方程形式简洁且易于计算的特点，又可以处理非完整系统，进一步引入了拉格朗日待定乘子的思想，从而形成了既可处理非完整系统，也可处理含多余坐标的完整系统的带待定乘子的拉格朗日方程。正是由于拉格朗日力学从能量的观点来处理动力学问题，因此其理论也可以推广应用到非机械系统中，如机电耦合系统。

3.1 第二类拉格朗日方程

本节推导只适用于完整系统动力学问题的第二类拉格朗日方程，其突出的特点是不依赖于所选取的坐标，而给出了一种简单、统一的分析方法。其出发点是利用广义坐标来表示动力学普遍方程，并且引入动能，从而可以从能量的观点或变分方法来研究系统运动。

3.1.1 广义坐标表示的动力学普遍方程

讨论由 N 个质点组成的质点系，若质点系同时存在 l 个完整约束和 m 个非完整约束，则系统的自由度为 $k=3N-l-m$，可选取 $n=3N-l$ 个广义坐标 q_1，q_2，…，q_n，这时质点系各个质点位置的矢径可表示为

$$\boldsymbol{r}_i=\boldsymbol{r}_i(q_1,q_2,\cdots,q_n,t),\quad i=1,2,\cdots,N \tag{3.1}$$

将各质点的虚位移用坐标 q_j，$j=1,2,\cdots,n$ 的等时变分表示

$$\delta\boldsymbol{r}_i=\sum_{j=1}^{n}\frac{\partial\boldsymbol{r}_i}{\partial q_j}\delta q_j,\quad i=1,2,\cdots,N \tag{3.2}$$

将(3.2)代入动力学普遍方程 $\sum\limits_{i=1}^{N}(\boldsymbol{F}_i-m_i\ddot{\boldsymbol{r}}_i)\cdot\delta\boldsymbol{r}_i=0$，得到

$$\sum_{j=1}^{n}\left(\sum_{i=1}^{N}\boldsymbol{F}_i\cdot\frac{\partial\boldsymbol{r}_i}{\partial q_j}-\sum_{i=1}^{N}m_i\ddot{\boldsymbol{r}}_i\cdot\frac{\partial\boldsymbol{r}_i}{\partial q_j}\right)\delta q_j=0 \tag{3.3}$$

括号内第一项即为式(2.5)中给出的广义力 Q_j，第二项称为广义惯性力，根据函数相乘求导法则的逆运算，其可展成如下形式

$$\sum_{i=1}^{N}m_i\ddot{\boldsymbol{r}}_i\cdot\frac{\partial\boldsymbol{r}_i}{\partial q_j}=\sum_{i=1}^{N}m_i\frac{\mathrm{d}\dot{\boldsymbol{r}}_i}{\mathrm{d}t}\cdot\frac{\partial\boldsymbol{r}_i}{\partial q_j}=\sum_{i=1}^{N}m_i\left[\frac{\mathrm{d}}{\mathrm{d}t}\left(\dot{\boldsymbol{r}}_i\cdot\frac{\partial\boldsymbol{r}_i}{\partial q_j}\right)-\dot{\boldsymbol{r}}_i\cdot\frac{\mathrm{d}}{\mathrm{d}t}\left(\frac{\partial\boldsymbol{r}_i}{\partial q_j}\right)\right] \tag{3.4}$$

利用如下两个关系式可以对式(3.4)化简。

(1)第一个关系式：将(3.1)对时间求全导数，可得

$$\dot{\boldsymbol{r}}_i(q_1,q_2,\cdots,q_l,t)=\sum_{j=1}^{n}\frac{\partial\boldsymbol{r}_i}{\partial q_j}\dot{q}_j+\frac{\partial\boldsymbol{r}_i}{\partial t},\quad i=1,2,\cdots,N \tag{3.5}$$

将(3.5)等式两端对任意广义速度 $\dot{q}_j$ 求偏导数，同时注意到：$\frac{\partial\boldsymbol{r}_i}{\partial q_j}$ 和 $\frac{\partial\boldsymbol{r}_i}{\partial t}$ 两项中不显含 $\dot{q}_j$，因此对 $\dot{q}_j$ 求偏导数为零。可得第一个关系式

$$\frac{\partial\dot{\boldsymbol{r}}_i}{\partial\dot{q}_j}=\frac{\partial\boldsymbol{r}_i}{\partial q_j},\quad i=1,2,\cdots,N,j=1,2,\cdots,n \tag{3.6}$$

(2)第二个关系式：将(3.5)等式两端对任一广义坐标 q_j 求偏导数，可得

$$\frac{\partial\dot{\boldsymbol{r}}_i}{\partial q_j}=\frac{\partial^2\boldsymbol{r}_i}{\partial q_j\partial t}+\sum_{k=1}^{n}\frac{\partial^2\boldsymbol{r}_i}{\partial q_j\partial q_k}\dot{q}_k,\quad i=1,2,\cdots,N,\ j=1,2,\cdots,n \tag{3.7}$$

如果将 $\boldsymbol{r}_i$ 先对任意一个广义坐标 q_j 求偏导数，再对时间求全导数，则有

$$\frac{\mathrm{d}}{\mathrm{d}t}\left(\frac{\partial r_i}{\partial q_j}\right)=\frac{\partial^2\boldsymbol{r}_i}{\partial q_j\partial t}+\sum_{k=1}^{n}\frac{\partial^2\boldsymbol{r}_i}{\partial q_j\partial q_k}\dot{q}_k,\quad i=1,2,\cdots,N,\ j=1,2,\cdots,n \tag{3.8}$$

对比式(3.7)和(3.8)可得

$$\frac{\partial\dot{\boldsymbol{r}}_i}{\partial q_j}=\frac{\mathrm{d}}{\mathrm{d}t}\left(\frac{\partial\boldsymbol{r}_i}{\partial q_j}\right),\quad i=1,2,\cdots,N,\ j=1,2,\cdots,n \tag{3.9}$$

对式(3.4)中右端第一项使用第一关系式(3.6)，第二项使用第二关系式(3.9)有

$$\begin{aligned}\sum_{i=1}^{N}m_i\ddot{\boldsymbol{r}}_i\cdot\frac{\partial\boldsymbol{r}_i}{\partial q_j}&=\sum_{i=1}^{N}m_i\frac{\mathrm{d}}{\mathrm{d}t}(\dot{\boldsymbol{r}}_i\cdot\frac{\partial\boldsymbol{r}_i}{\partial q_j})-\sum_{i=1}^{N}m_i\dot{\boldsymbol{r}}_i\cdot\frac{\mathrm{d}}{\mathrm{d}t}(\frac{\partial\boldsymbol{r}_i}{\partial q_j})\\&=\sum_{i=1}^{N}m_i\frac{\mathrm{d}}{\mathrm{d}t}(\dot{\boldsymbol{r}}_i\cdot\frac{\partial\dot{\boldsymbol{r}}_i}{\partial\dot{q}_j})-\sum_{i=1}^{N}m_i\dot{\boldsymbol{r}}_i\cdot\frac{\partial\dot{\boldsymbol{r}}_i}{\partial q_j}\\&=\frac{\mathrm{d}}{\mathrm{d}t}\left(\sum_{i=1}^{N}m_i\dot{\boldsymbol{r}}_i\cdot\frac{\partial\dot{\boldsymbol{r}}_i}{\partial\dot{q}_j}\right)-\sum_{i=1}^{N}m_i\dot{\boldsymbol{r}}_i\cdot\frac{\partial\dot{\boldsymbol{r}}_i}{\partial q_j}\end{aligned} \tag{3.10}$$

注意到

$$\sum_{i=1}^{N} m_i \dot{\boldsymbol{r}}_i \cdot \frac{\partial \dot{\boldsymbol{r}}_i}{\partial \dot{q}_j} = \frac{1}{2}\sum_{i=1}^{N} \frac{\partial}{\partial \dot{q}_j}(m_i \dot{\boldsymbol{r}}_i \cdot \dot{\boldsymbol{r}}_i) = \frac{\partial}{\partial \dot{q}_j}\left[\sum_{i=1}^{N}(\frac{1}{2}m_i \dot{\boldsymbol{r}}_i \cdot \dot{\boldsymbol{r}}_i)\right] = \frac{\partial T}{\partial \dot{q}_j} \tag{3.11}$$

以及

$$\sum_{i=1}^{N} m_i \dot{\boldsymbol{r}}_i \cdot \frac{\partial \dot{\boldsymbol{r}}_i}{\partial q_j} = \frac{\partial T}{\partial q_j} \tag{3.12}$$

其中 T 为质点系的动能。

将式(3.11)和(3.12)代入(3.10)可得

$$\sum_{i=1}^{N} m_i \ddot{\boldsymbol{r}}_i \cdot \frac{\partial \boldsymbol{r}_i}{\partial q_j} = \frac{\mathrm{d}}{\mathrm{d}t}\left(\frac{\partial T}{\partial \dot{q}_j}\right) - \frac{\partial T}{\partial q_j} \tag{3.13}$$

再将式(3.13)代入(3.3)可得到广义坐标和动能表示的动力学普遍方程

$$\sum_{j=1}^{n}\left\{Q_j - \left[\frac{\mathrm{d}}{\mathrm{d}t}\left(\frac{\partial T}{\partial \dot{q}_j}\right) - \frac{\partial T}{\partial q_j}\right]\right\}\delta q_j = 0 \tag{3.14}$$

3.1.2 第二类拉格朗日方程

基于上述得到的广义坐标和动能表示的动力学普遍方程,可以进一步讨论特殊情形下达朗贝尔-拉格朗日原理的形式。首先,讨论质点系所受的约束都是完整约束情形。假设系统的自由度数为 k,而广义坐标数 n 与其相等,即:$n=k$,因此,广义坐标的变分 $\delta q_j, j=1,2,\cdots,n$ 是相互独立变量。由式(3.14)可知:等式成立的充分必要条件是每个广义虚位移 δq_j 前的系数为零,可得

$$\frac{\mathrm{d}}{\mathrm{d}t}\left(\frac{\partial T}{\partial \dot{q}_j}\right) - \frac{\partial T}{\partial q_j} = Q_j, \quad j = 1,2,\cdots,n \tag{3.15}$$

此 n 个独立方程称为**第二类拉格朗日方程**,质点系的运动规律可由这 n 个方程完全确定。

应用第二类拉格朗日方程建立系统的运动方程时,首先需计算出系统的动能。系统的动能是指系统内所有质点和刚体的动能之和。而刚体的动能可根据柯尼希定理计算,其等于刚体随质心运动的动能与刚体绕质心转动的动能之和。

例 3.1 三角块置于光滑水平地面上,质量为 m、半径为 r 的均质圆柱在重力作用下沿质量为 M 的三角块斜边上作纯滚动,如图 3.1 所示。已知三角块的倾角为 $\alpha=30°$,试用拉格朗日方程建立系统的运动微分方程。

解 该系统有 2 个自由度,三角块作平动,圆柱作平面运动。选取三角块的水平位移 x_1 和圆柱中心 O 沿三角块斜面的相对位移 x_2 为广义坐标。

计算系统的动能

$$T = \frac{1}{2}M\dot{x}_1^2 + \frac{1}{2}m[(\dot{x}_1 - \dot{x}_2\cos\alpha)^2 + (\dot{x}_2\sin\alpha)^2] + \frac{1}{2}J_O\left(\frac{\dot{x}_2}{r}\right)^2 \tag{a}$$

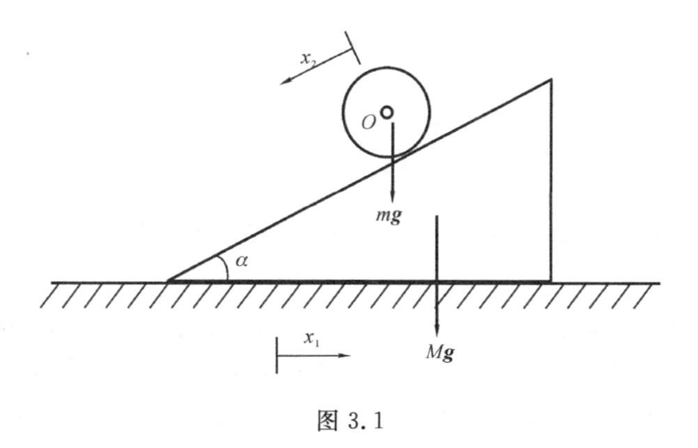

图 3.1

化简，得到

$$T = \frac{1}{2}(M+m)\dot{x}_1^2 - m\dot{x}_1\dot{x}_2\cos\alpha + \frac{3}{4}m\dot{x}_2^2 \tag{b}$$

在此过程中，主动力只有重力，对应于广义坐标 x_1，x_2 的广义力分别为

$$\boldsymbol{Q}_1 = \frac{\delta W}{\delta x_1} = 0, \boldsymbol{Q}_2 = \frac{\delta W}{\delta x_2} = mg\sin\alpha \tag{c}$$

把式(b)和(c)带入到拉格朗日方程各项中，有

$$\frac{\mathrm{d}}{\mathrm{d}t}\frac{\partial T}{\partial \dot{x}_1} = (M+m)\ddot{x}_1 - m\ddot{x}_2\cos\alpha, \quad \frac{\partial T}{\partial x_1} = 0, \boldsymbol{Q}_1 = 0$$

$$\frac{\mathrm{d}}{\mathrm{d}t}\frac{\partial T}{\partial \dot{x}_2} = \frac{3}{2}m\ddot{x}_2 - m\ddot{x}_1\cos\alpha, \quad \frac{\partial T}{\partial x_2} = 0, \quad \boldsymbol{Q}_2 = mg\sin\alpha \tag{d}$$

即得到系统运动微分方程为

$$\begin{cases} (M+m)\ddot{x}_1 - \dfrac{\sqrt{3}}{2}m\ddot{x}_2 = 0 \\ 3\ddot{x}_2 - \sqrt{3}\ddot{x}_1 = g \end{cases} \tag{e}$$

思考问题：基于上述建立动力学方程的过程，可否对下述问题给出判断或结论：假设三角块不动，两个相同尺寸但不同材料（如：铜、铝、钢）的匀质圆柱，从斜面上相同高度同时释放向下滚动，问两个圆柱哪个先到下水平面？若上述过程采用相同材料但不同半径（大、小）的匀质圆柱，结论又是如何呢？另外，假设三角块可以移动，是否有上述相同的结论呢？

3.1.3　保守力作用下的第二类拉格朗日方程

若质点系为完整的保守系统，即系统所受的主动力均为有势力，此时，广义力 Q_j 等于势能 V 对相应广义坐标 q_j 的偏导数的负值，即

$$Q_j = -\frac{\partial V}{\partial q_j}, \quad j = 1,2,\cdots,n \tag{3.16}$$

将上式代入拉格朗日方程(3.15),可得

$$\frac{\mathrm{d}}{\mathrm{d}t}\left(\frac{\partial T}{\partial \dot{q}_j}\right) - \frac{\partial}{\partial q_j}(T-V) = 0, \quad j = 1,2,\cdots,n \tag{3.17}$$

若定义质点系的动能 T 与势能 V 之差为**拉格朗日函数**,即

$$L = T - V \tag{3.18}$$

拉格朗日函数 L 是 $q_j,\dot{q}_j,t,j=1,2,\cdots,n$ 的函数,是一个标量函数且完全包含了保守质点系的动力学规律,所以亦称为**动力学函数**。由于 V 与广义速度 $\dot{q}_j$ 无关,$\partial L/\partial \dot{q}_j = \partial T/\partial \dot{q}_j$ 相等,此时方程(3.17)可改写为

$$\frac{\mathrm{d}}{\mathrm{d}t}\left(\frac{\partial L}{\partial \dot{q}_j}\right) - \frac{\partial L}{\partial q_j} = 0, \quad j = 1,2,\cdots,n \tag{3.19}$$

由上式可以看:对于保守系统,利用拉格朗日函数可以省去基于虚功来求广义力的步骤。但若质点系的主动力既有有势力也有非有势力,且非有势力对应的广义力记为:Q_j,则**第二类拉格朗日方程的一般形式**可写为

$$\frac{\mathrm{d}}{\mathrm{d}t}\left(\frac{\partial L}{\partial \dot{q}_j}\right) - \frac{\partial L}{\partial q_j} = Q_j, \quad j = 1,2,\cdots,n \tag{3.20}$$

例 3.2 如图 3.2 所示,两个质量均为 m 的质点由刚度系数为 k 的弹簧连接,可沿半径为 r 的竖直固定圆环无摩擦滑动。已知弹簧原长为 r,试求系统的运动微分方程。

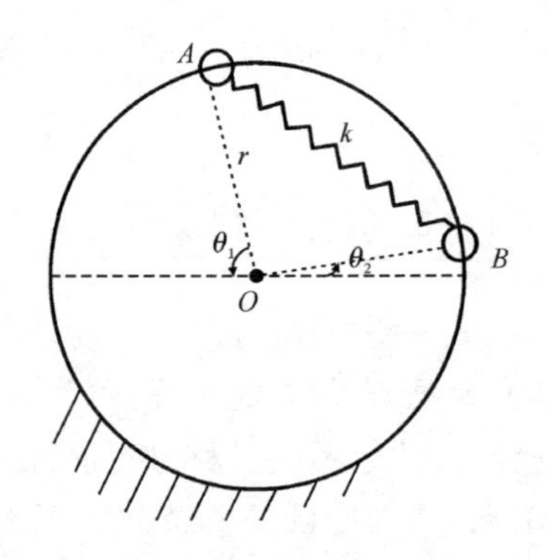

图 3.2

解 系统受理想完整约束,有 2 个自由度。取 OA,OB 与过 O 的水平线的夹角 θ_1,θ_2 为广义坐标。系统的动能为

$$T = \frac{1}{2}mr^2(\dot{\theta}_1^2 + \dot{\theta}_2^2) \tag{a}$$

取过 O 的水平线所处位置为重力零势能位置,则

$$V = mgr(\sin\theta_1 + \sin\theta_2) + \frac{1}{2}kr^2\left[2\cos\left(\frac{\theta_1+\theta_2}{2}\right) - 1\right]^2 \tag{b}$$

系统的拉氏函数为

$$\begin{aligned} L &= T - V \\ &= \frac{1}{2}mr^2(\dot{\theta}_1^2 + \dot{\theta}_2^2) - mgr(\sin\theta_1 + \sin\theta_2) - \frac{1}{2}kr^2\left[2\cos\left(\frac{\theta_1+\theta_2}{2}\right) - 1\right]^2 \end{aligned} \tag{c}$$

代入拉格朗日方程(3.20),得到

$$\begin{cases} mr\ddot{\theta}_1 + mg\cos\theta_1 - kr\left[2\cos\left(\frac{\theta_1+\theta_2}{2}\right) - 1\right]\sin\left(\frac{\theta_1+\theta_2}{2}\right) = 0 \\ mr\ddot{\theta}_2 + mg\cos\theta_2 - kr\left[2\cos\left(\frac{\theta_1+\theta_2}{2}\right) - 1\right]\sin\left(\frac{\theta_1+\theta_2}{2}\right) = 0 \end{cases} \tag{e}$$

3.2　第二类拉格朗日方程中的标量函数

在应用第二类拉格朗日方程时会遇到不同的标量函数,正确认识这些标量函数的特性,对于认识系统的动力学特征,简化计算过程有积极的意义。动能就是最重要的一个标量函数,在拉格朗日方程中使用广义坐标,因此有必要认识动能的广义坐标形式。除有势力可以由标量的势能函数导出,某些非有势力也可以由标量函数导出,为此,特介绍广义势能函数和拉格朗日系统的定义。作为一个应用的实例,介绍可导出粘性阻尼力的瑞利耗散函数。使用广义势能函数这样的标量函数可以使第二类拉格朗日方程的推导更为简洁、方便。

3.2.1　动能的广义速度表达式

系统的动能在应用第二类拉格朗日方程过程中是必须计算的重要物理量。在物理坐标系内质点系的动能可以写为

$$T = \sum_{i=1}^{N}\frac{1}{2}m_i\dot{\boldsymbol{r}}_i\cdot\dot{\boldsymbol{r}}_i = \frac{1}{2}\sum_{i=1}^{N}m_i(\dot{x}_i^2 + \dot{y}_i^2 + \dot{z}_i^2) \tag{3.21}$$

为了求得动能的广义速度表达式,将式(3.5)代入(3.21)有

$$\begin{aligned} T &= \sum_{i=1}^{N}\frac{1}{2}m_i\dot{\boldsymbol{r}}_i\cdot\dot{\boldsymbol{r}}_i \\ &= \frac{1}{2}\sum_{i=1}^{N}m_i\left(\sum_{j=1}^{n}\frac{\partial\boldsymbol{r}_i}{\partial q_j}\dot{q}_j + \frac{\partial\boldsymbol{r}_i}{\partial t}\right)\cdot\left(\sum_{j=1}^{n}\frac{\partial\boldsymbol{r}_i}{\partial q_j}\dot{q}_j + \frac{\partial\boldsymbol{r}_i}{\partial t}\right) \\ &= \frac{1}{2}\sum_{j=1}^{n}\sum_{k=1}^{n}\left(\sum_{i=1}^{N}m_i\frac{\partial\boldsymbol{r}_i}{\partial q_j}\cdot\frac{\partial\boldsymbol{r}_i}{\partial q_k}\right)\dot{q}_j\dot{q}_k + \sum_{j=1}^{n}\left(\sum_{i=1}^{N}m_i\frac{\partial\boldsymbol{r}_i}{\partial q_j}\cdot\frac{\partial\boldsymbol{r}_i}{\partial t}\right)\dot{q}_j + \frac{1}{2}\sum_{i=1}^{N}m_i\frac{\partial\boldsymbol{r}_i}{\partial t}\cdot\frac{\partial\boldsymbol{r}_i}{\partial t} \end{aligned}$$

$$
\begin{aligned}
&= \frac{1}{2}\sum_{j=1}^{n}\sum_{k=1}^{n} a_{jk}\dot{q}_j\dot{q}_k + \sum_{j=1}^{n} b_j\dot{q}_j + \frac{1}{2}c \\
&= T_2 + T_1 + T_0
\end{aligned}
\tag{3.22}
$$

其中

$$
a_{jk} = \sum_{i=1}^{N} m_i \frac{\partial \boldsymbol{r}_i}{\partial q_j}\cdot\frac{\partial \boldsymbol{r}_i}{\partial q_k}, b_j = \sum_{i=1}^{N} m_i \frac{\partial \boldsymbol{r}_i}{\partial q_j}\cdot\frac{\partial \boldsymbol{r}_i}{\partial t}, c = \sum_{i=1}^{N} m_i \frac{\partial \boldsymbol{r}_i}{\partial t}\cdot\frac{\partial \boldsymbol{r}_i}{\partial t} \tag{3.23}
$$

式(3.23)给出的广义速度的系数是广义坐标和时间的函数。因此 T_2, T_1, T_0 分别表示广义速度的二次齐次函数、一次齐次函数和零次函数。质点系的动能由这三部分组成

$$
T_2 = \frac{1}{2}\sum_{j=1}^{n}\sum_{k=1}^{n} a_{jk}\dot{q}_j\dot{q}_k,\ T_1 = \sum_{j=1}^{n} b_j\dot{q}_j, T_0 = \frac{1}{2}c \tag{3.24}
$$

若系统具有定常约束,坐标变换(3.1)中不显含时间 t,因此有

$$
\frac{\partial \boldsymbol{r}_i}{\partial t} = 0 \tag{3.25}
$$

此时 b_j, c 均为零,而 a_{jk} 由于不显含 $\partial \boldsymbol{r}_i/\partial t$ 项而不等于零,所以动能是广义速度的二次齐次函数,具有广义速度的二次型,且是正定的。系统的动能有

$$
T = T_2 \tag{3.26}
$$

例 3.3 如图 3.3 所示,设滑块在转盘上受到相互正交的弹簧的约束,转盘以角速度 Ω 作匀速转动,滑块质量为 m,弹簧刚度系数为 k,滑块的平衡位置在盘心处。试写出滑块的动能和势能,指出陀螺力,并列出滑块的动力学方程。

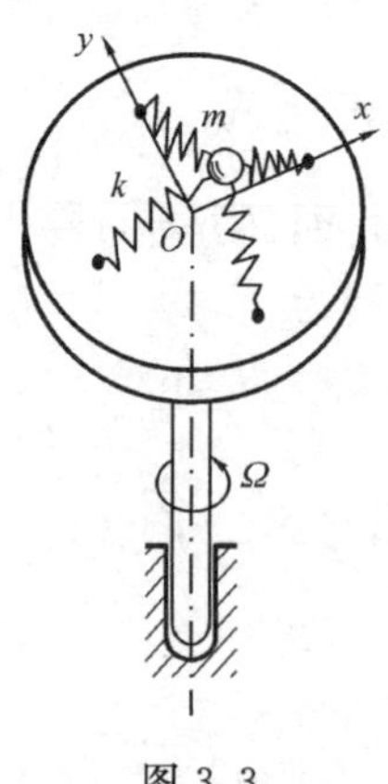

图 3.3

解 系统有 2 个自由度,以盘心为原点 O 沿正交的弹簧建立转盘坐标系 (Oxy),取 x, y 为广义坐标,则滑块的速度 $\boldsymbol{v}$ 可写为

$$\boldsymbol{v}=(\dot{x}-\Omega y)\boldsymbol{i}+(\dot{y}+\Omega x)\boldsymbol{j} \tag{a}$$

滑块的动能 T 和势能 V 分别为

$$\left.\begin{aligned}
&T=\frac{1}{2}m[(\dot{x}-\Omega y)^2+(\dot{y}+\Omega x)^2]=T_0+T_1+T_2\\
&T_0=\frac{1}{2}m\Omega^2(x^2+y^2),\ T_1=m\Omega(x\dot{y}-y\dot{x}),\ T_2=\frac{1}{2}m(\dot{x}^2+\dot{y}^2)\\
&V=\frac{1}{2}k(x^2+y^2)
\end{aligned}\right\} \tag{b}$$

将式(b)代入拉格朗日方程(3.20)，得到滑块的动力学方程

$$\left.\begin{aligned}
m\ddot{x}-2m\Omega\dot{y}+(k-m\Omega^2)x=0\\
m\ddot{y}+2m\Omega\dot{x}+(k-m\Omega^2)y=0
\end{aligned}\right\} \tag{c}$$

由方程(c)可以看出：动能的广义速度一次项产生了两个方程的第二项。该项对应的广义力可一般性地表示为广义速度 $\dot{q}_j$ 的线性函数

$$Q_{gj}=-\sum_{i=1}^{n}g_{ij}\dot{q}_i,\quad j=1,2,\cdots,n$$

其系数满足 $g_{ji}=-g_{ij}$ 且 $g_{jj}=0,i,j=1,2,\cdots,n$，即具有反对称性，称为**陀螺力**。陀螺力可以看作是牵连运动为旋转运动时而由科氏加速度产生的等效惯性力。而动能的广义速度零次项产生了方程的第三项的一部分，该项对应的广义力可以等效看作是弹性力的一部分，且由离心力场产生的(详见 3.3.1 节)。

3.2.2　瑞利耗散函数

尽管由于摩擦或阻尼产生的力是非保守的，但有些非保守力仍然可由某种标量函数导出。下面讨论粘性阻尼力对应的广义力，其与广义速度成正比，且通常可表示为广义速度 $\dot{q}_j$ 的线性函数

$$Q_{dj}=-\sum_{i=1}^{n}c_{ij}\dot{q}_i,\quad j=1,2,\cdots,n \tag{3.27}$$

引入标量的瑞利耗散函数 D，其定义为

$$D=\frac{1}{2}\sum_{i=1}^{n}\sum_{j=1}^{n}c_{ij}\dot{q}_i\dot{q}_j \tag{3.28}$$

则粘性阻尼力 Q_{dj} 可用瑞利耗散函数对广义速度的偏导求得

$$Q_{dj}=-\frac{\partial D}{\partial\dot{q}_j},\quad j=1,2,\cdots,n \tag{3.29}$$

粘性阻尼力所做的功为负功，将引起系统总能量 E 的减少，并且能量耗散率等于耗散函数的两倍，即有

$$\frac{\mathrm{d}E}{\mathrm{d}t}=\sum_{j=1}^{n}Q_{dj}\dot{q}_j=-\sum_{j=1}^{n}c_{ij}\dot{q}_i\dot{q}_j=-2D\leqslant 0 \tag{3.30}$$

将式(3.29)代入(3.20)中,将非有势力中的粘性阻尼力分离出来,则拉格朗日方程可写为

$$\frac{\mathrm{d}}{\mathrm{d}t}\left(\frac{\partial L}{\partial \dot{q}_j}\right)-\frac{\partial L}{\partial q_j}+\frac{\partial D}{\partial \dot{q}_j}=Q_j,\quad j=1,2,\cdots,n \tag{3.31}$$

其中,Q_j 为质点系内除粘性阻尼力以外的非有势广义力。

例 3.4 讨论图 3.4 所示滑块 A 及悬挂在滑块上的单摆 B 组成的系统,摆长为 l,滑块和摆的质量分别为 m_A,m_B。滑块受弹簧约束且受粘性阻尼力作用,弹簧刚度系数为 k,粘性阻尼系数为 c。单摆在铰链处受到的阻尼力矩与角速度成正比,(转动)阻尼系数为v。试用拉格朗日方程建立其运动微分方程。

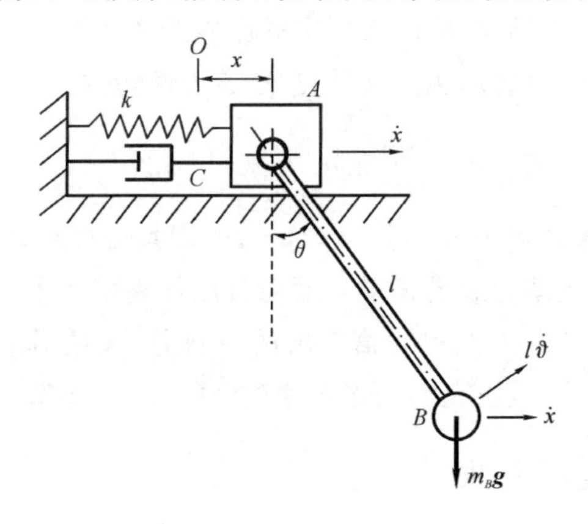

图 3.4

解 系统为 2 自由度完整系统。广义坐标取滑块相对弹簧未变形位置的位移 x 和摆相对垂直线的偏角 $\dot{\theta}$。

滑块 A 和摆 B 的速度如图示,系统的动能、势能和瑞利耗散函数分别为

$$T=\frac{1}{2}m_A\dot{x}^2+\frac{1}{2}m_B[(\dot{x}+l\dot{\theta}\cos\theta)^2+l^2\dot{\theta}^2\sin^2\theta] \tag{a}$$

$$V=\frac{1}{2}kx^2-m_Bgl\cos\theta \tag{b}$$

$$D=\frac{1}{2}c\dot{x}^2+\frac{1}{2}v\dot{\theta}^2 \tag{c}$$

代入拉格朗日方程(3.31),得到

$$\left.\begin{aligned}&(m_A+m_B)\ddot{x}+c\dot{x}+kx+m_Bl(\ddot{\theta}\cos\theta-\dot{\theta}^2\sin\theta)=0\\&m_Bl(l\ddot{\theta}+\ddot{x}\cos\theta-\dot{x}\dot{\theta}\sin\theta)+v\dot{\theta}+m_Bgl\sin\theta=0\end{aligned}\right\} \tag{d}$$

3.2.3　广义势能函数*

众所周知,保守力是可以从一个势能函数导出且只与系统空间坐标有关的力。但很多情形下,广义力可以从一个标量函数 $V(q_j,\dot{q}_j,t)$ 导出,而假设广义力 Q_j 可以表示为

$$Q_j = \frac{\mathrm{d}}{\mathrm{d}t}\left[\frac{\partial V(\boldsymbol{q},\dot{\boldsymbol{q}},t)}{\partial \dot{q}_j}\right] - \frac{\partial V(\boldsymbol{q},\dot{\boldsymbol{q}},t)}{\partial q_j} \tag{3.32}$$

此时,标量函数 $V(q_j,\dot{q}_j,t)$ 称作广义势能函数。将上式代入(3.15)有

$$\frac{\mathrm{d}}{\mathrm{d}t}\left(\frac{\partial T}{\partial \dot{q}_j}\right) - \frac{\partial T}{\partial q_j} = \frac{\mathrm{d}}{\mathrm{d}t}\left[\frac{\partial V(\boldsymbol{q},\dot{\boldsymbol{q}},t)}{\partial \dot{q}_j}\right] - \frac{\partial V(\boldsymbol{q},\dot{\boldsymbol{q}},t)}{\partial q_j},\quad j = 1,2,\cdots,n \tag{3.33}$$

定义拉格朗日函数为动能与广义势能的差

$$L(\boldsymbol{q},\dot{\boldsymbol{q}},t) = T(\boldsymbol{q},\dot{\boldsymbol{q}},t) - V(\boldsymbol{q},\dot{\boldsymbol{q}},t)$$

整理式(3.33)将所有项移到方程左端,可得

$$\frac{\mathrm{d}}{\mathrm{d}t}\left[\frac{\partial L(\boldsymbol{q},\dot{\boldsymbol{q}},t)}{\partial \dot{q}_j}\right] - \frac{\partial L(\boldsymbol{q},\dot{\boldsymbol{q}},t)}{\partial q_j} = 0 \tag{3.34}$$

方程(3.34)与保守系统的拉格朗日方程有相同的形式。需要再次强调的是:势能函数只是广义坐标函数的系统才是保守系统,所以,方程(3.34)描述的系统是非保守系统。对于完整系统,当广义力可由标量的广义势能函数 $V(q_j,\dot{q}_j,t)$ 导出时,称为**拉格朗日系统**。

著名的速度依赖型势场的例子就是在电磁场中运动的带电粒子,其上所受的力为

$$F_e = -e\,\nabla\varphi - \frac{e}{c}\{\dot{\boldsymbol{A}} - \boldsymbol{v}\times\mathbf{curl}\boldsymbol{A}\}$$

其中,e 为粒子的带电量,φ 为标量势,c 为光速,$\boldsymbol{v}$ 为粒子运动速度,而 $\boldsymbol{A}$ 是矢量势。则电磁力场可以由下面广义势函数导出

$$V(\boldsymbol{r},\dot{\boldsymbol{r}}) = e\varphi(\boldsymbol{r}) - \frac{e\boldsymbol{v}\cdot\boldsymbol{A}}{c}$$

3.3　拉格朗日方程的初积分

到目前为止,本书主要讨论如何来建立系统的动力学方程,而下一步应该是基于建立的方程来分析系统的运动规律。但对于 k 个自由度的完整有势系统,第二类拉格朗日方程包含有 $n=k$ 个相互耦合的二阶非线性常微分方程,要直接解析求解这样的微分方程组是非常困难,甚至是完全不可能。目前数值积分方法通常被用来求解这些非线性微分方程,虽然数值积分简便且有很高的精度,但其缺点是只

能得到有限初值集合上的解。

对于有些第二类拉格朗日方程可以找到运动微分方程组的初积分,使原方程的阶数降低(即只是速度和坐标的函数),特别是初积分往往有明确的物理意义,如:动量(角动量)守恒、机械能守恒等。下面以拉格朗日系统为对象讨论拉格朗日方程的初积分,而保守系统只是拉格朗日系统的特例。基于拉格朗日方程(3.34),下面分两种情况讨论。

3.3.1 拉格朗日函数中不显含时间

计算拉格朗日函数 L 对 t 的全导数,有

$$\frac{\mathrm{d}L}{\mathrm{d}t}=\sum_{j=1}^{n}\left(\frac{\partial L}{\partial q_j}\dot{q}_j+\frac{\partial L}{\partial \dot{q}_j}\ddot{q}_j\right)+\frac{\partial L}{\partial t} \tag{3.35}$$

从拉格朗日方程组(3.34)可得

$$\frac{\partial L}{\partial q_j}=\frac{\mathrm{d}}{\mathrm{d}t}\left(\frac{\partial L}{\partial \dot{q}_j}\right) \tag{3.36}$$

将式(3.36)代入(3.35)得到

$$\frac{\mathrm{d}L}{\mathrm{d}t}=\sum_{j=1}^{n}\left[\dot{q}_j\frac{\mathrm{d}}{\mathrm{d}t}\left(\frac{\partial L}{\partial \dot{q}_j}\right)+\ddot{q}_j\frac{\partial L}{\partial \dot{q}_j}\right]+\frac{\partial L}{\partial t}=\sum_{j=1}^{n}\frac{\mathrm{d}}{\mathrm{d}t}\left(\dot{q}_j\frac{\partial L}{\partial \dot{q}_j}\right)+\frac{\partial L}{\partial t}$$

交换求导和求和的次序并移项,得到

$$\frac{\mathrm{d}}{\mathrm{d}t}\left(\sum_{j=1}^{n}\dot{q}_j\frac{\partial L}{\partial \dot{q}_j}-L\right)=-\frac{\partial L}{\partial t} \tag{3.37}$$

上式括号中的项被称为雅可比能量函数,记为

$$h(\boldsymbol{q},\dot{\boldsymbol{q}},t)=\sum_{j=1}^{n}\dot{q}_j\frac{\partial L}{\partial \dot{q}_j}-L \tag{3.38}$$

由于讨论 L 中不显含时间 t 的情形,方程(3.37)的右端项等于零,因此存在雅可比能量函数的初积分,即

$$h=\sum_{j=1}^{n}\dot{q}_j\frac{\partial L}{\partial \dot{q}_j}-L=C \tag{3.39}$$

将动能表达式(3.22)代入式(3.39),根据欧拉齐次函数定理(见附录 A),可知

$$\sum_{j=1}^{n}\dot{q}_j\frac{\partial T_2}{\partial \dot{q}_j}=2T_2,\ \sum_{j=1}^{n}\dot{q}_j\frac{\partial T_1}{\partial \dot{q}_j}=T_1,\ \sum_{j=1}^{n}\dot{q}_j\frac{\partial T_0}{\partial \dot{q}_j}=0 \tag{3.40}$$

由此,拉格朗日方程的初积分(3.39)可化为

$$T_2-T_0+V=C \tag{3.41}$$

式(3.41)的左端项可以看作是一种广义能量,因此,上式称为**广义能量积分**。

若质点系具有定常约束,即:$T_2=T$, $T_0=0$,则上式写为

$$T+V=C \tag{3.42}$$

此初积分的物理意义为：保守系统的机械能守恒，称为能量积分。

若将广义能量积分式(3.41)左端中 $V-T_0$ 记为 V^*，则初积分(3.41)也可写作与能量积分(3.42)相似的形式

$$T_2+V^* = C \tag{3.43}$$

其中，$V^*=V-T_0$，为质点系在动参考系内的相对势能。显而易见，V 是主动力的势能，$-T_0$ 可理解为由于坐标系转动产生的离心力场势能(参见例 3.3)。因为，当动参考系作匀速转动时，T_2 只是质点系相对动参考系运动产生的动能，称为**相对动能**。由此，认为雅可比积分的物理意义为：**质点系相对匀速转动参考系运动时，其相对动能与相对势能之和守恒**。

对于在匀速运动参考系内运动的质点系，由于定义了相对势能，其相对于动参考系的相对平衡条件可以依据保守系统的平衡条件得到，为此有

$$\frac{\partial V^*}{\partial q_j}=0,\quad j=1,2,\cdots,n \tag{3.44}$$

即：在匀速转动参考系内运动的系统在相对平衡位置处，其相对势能取驻值。

例 3.5　质量为 m 的小环 P 套在抛物线 $z=\dfrac{r^2}{2s}$ 形状的细金属丝上，做无摩擦的滑动，细金属丝绕其对称轴 z 以匀角速度 ω 转动。试写出小环的运动方程并确定系统的广义能量积分并求出小环的相对平衡位置。

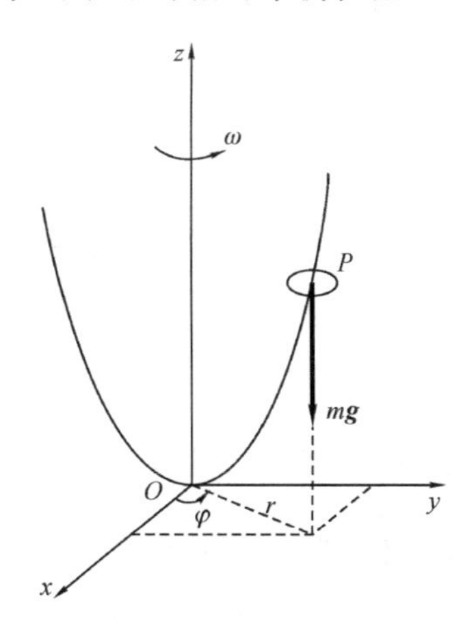

图 3.5

解　此系统自由度为 1，用柱坐标(r,φ,z)描述小环的运动，有非定常完整约束

$$z = \frac{r^2}{2s}, \varphi = \omega t \tag{a}$$

小环的动能和势能可写为

$$T = \frac{1}{2}m[\dot{r}^2 + r^2\dot{\varphi}^2 + \dot{z}^2], \quad V = mgz \tag{b}$$

以小环 P 的 r 坐标为广义坐标，整理得到拉氏函数

$$L = T - V = \frac{1}{2}m[r^2\omega^2 + (1 + \frac{r^2}{s^2})\dot{r}^2] - mg\frac{r^2}{2s} \tag{c}$$

代入拉格朗日方程(3.20)可得

$$(1 + \frac{r^2}{s^2})\ddot{r} + \frac{r}{s^2}\dot{r}^2 + \frac{g}{s}r - \omega^2 r = 0 \tag{d}$$

因为 L 中不显含时间 t，存在广义能量积分

$$T_2 + V^* = T_2 - T_0 + V = C$$

其中，小球动能分量

$$T_2 = \frac{1}{2}m(1 + \frac{r^2}{s^2})\dot{r}^2, \quad T_0 = \frac{1}{2}mr^2\omega^2 \tag{e}$$

小球的相对势能为

$$V^* = V - T_0 = mg\frac{r^2}{2s} - \frac{1}{2}mr^2\omega^2 \tag{f}$$

代入式(3.43)，得到广义能量积分

$$T_2 + V^* = \frac{1}{2}m(1 + \frac{r^2}{s^2})\dot{r}^2 + mg\frac{r^2}{2s} - \frac{1}{2}mr^2\omega^2 = C \tag{g}$$

利用式(3.44)计算小球的相对平衡位置 $r=r_s$，导出

$$\left(\frac{\partial V^*}{\partial r}\right)_{r=r_s} = r_s(\frac{g}{s} - \omega^2) = 0 \tag{h}$$

可解得，当 $\omega \neq \sqrt{\frac{g}{s}}$ 时，相对平衡位置为 $r=0$。当 $\omega = \sqrt{\frac{g}{s}}$ 时，小球为随遇平衡。

3.3.2　拉格朗日函数中不显含某些广义坐标

考虑一个 n 自由度的拉格朗日系统，采用广义坐标 $q_1, q_2, \cdots, q_n$。假设有 m 个广义坐标，记为 $q_{n-m+1}, \cdots, q_n$ 不显含在拉格朗日函数 L 中，但相应的广义速度却含在 L 中，即有

$$L = L(q_1, q_2, \cdots, q_{n-m}, \dot{q}_1, \dot{q}_2, \cdots, \dot{q}_n, t) \tag{3.45}$$

为此，将广义坐标 $q_{n-m+1}, \cdots, q_n$ 称为**循环坐标**，亦称为**可遗坐标**(其含义在下面劳斯函数的讨论中可以清楚理解)。由拉格朗日方程(3.34)可得

$$\frac{\mathrm{d}}{\mathrm{d}t}\left(\frac{\partial L}{\partial \dot{q}_j}\right)=0,\quad j=n-m+1,\cdots,n \tag{3.46}$$

基于(3.46)可以得到 m 个积分

$$\frac{\partial L}{\partial \dot{q}_j}=C_j,\quad j=n-m+1,\cdots,n \tag{3.47}$$

称为**循环积分**,其中 $C_{n-m+1},C_{n-m+2},\cdots,C_n$ 为积分常数,由初始条件确定。(3.47)中每个式子均表示由广义坐标和广义速度组合的关系式恒定,为此也称为**守恒方程**。

如果势能函数中不依赖于广义速度,则有

$$\frac{\partial V}{\partial \dot{q}_j}=0$$

为此有

$$\frac{\partial L}{\partial \dot{q}_j}=\frac{\partial T}{\partial \dot{q}_j}=p_j \tag{3.48}$$

式(3.48)给出了对应于第 j 个广义速度的**广义动量**定义,其具有动量或动量矩的量纲。而初积分(3.47)的物理意义为:**与循环坐标对应的广义动量守恒**。因此循环积分也可称为**广义动量积分**。矢量力学中的动量守恒和动量矩守恒均为广义动量积分的特例。

例 3.6　如图 3.6 所示,质量为 M、回转半径为 ρ 的刚体 A 可绕 O 轴在水平面内转动,在刚体内有一狭长矩形槽,质量为 m 的小球 B 在槽内通过刚度系数为 k 的弹簧与 O 点相连。已知弹簧原长为 l_0。试讨论此系统的动力学方程存在初积分的可能性。

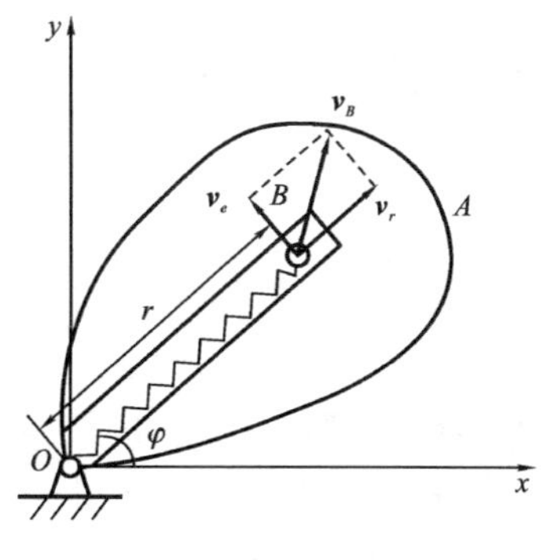

图 3.6

解　系统有 2 个自由度,取刚体 A 的转角 φ 和小球 B 相对于刚体 A 的位移 r 为广义坐标。

以刚体 A 为动系，对小球 B 进行运动分析，可知，$\boldsymbol{v}_B=\boldsymbol{v}_e+\boldsymbol{v}_r$，其中，$v_e=r\dot{\varphi}$，$v_r=\dot{r}$。系统的动能与势能分别为

$$T=\frac{1}{2}M\rho^2\dot{\varphi}^2+\frac{1}{2}m(\dot{r}^2+r^2\dot{\varphi}^2),\ V=\frac{1}{2}k(r-l_0)^2 \tag{a}$$

拉格朗日函数为

$$L=T-V=\frac{1}{2}(M\rho^2+mr^2)\dot{\varphi}^2+\frac{1}{2}m\dot{r}^2-\frac{1}{2}k(r-l_0)^2 \tag{b}$$

其中不显含 φ，因此 φ 为循环坐标，存在循环积分

$$(M\rho^2+mr^2)\dot{\varphi}=C \tag{c}$$

物理意义为系统相对固定轴 O 的动量矩守恒。

在本例中，若取直角坐标 x,y 为系统的广义坐标，则不存在循环积分。由此可见，系统内是否存在循环积分与广义坐标的选取有关。而通过选取合适的广义坐标，可以使动力学方程得到简化。

考察拉格朗日函数式(3.45)，其包含 m 个循环坐标 $q_{n-m+1},\cdots,q_n$。因此，有 m 个循环积分式(3.47)得到广义动量 $p_{n-m+1},\cdots,p_n$ 可以用常量 $C_{n-m+1},\cdots,C_n$ 代替。在此借助勒让德变换(参见附录 B)，将拉格朗日函数变换为一个新函数——劳斯函数，其形式为

$$R=\sum_{j=n-m+1}^{n}\dot{q}_jC_j-L(q_1,q_2,\cdots,q_{n-m},\dot{q}_1,\dot{q}_2,\cdots,\dot{q}_{n-m},C_{n-m+1},\cdots,C_n,t) \tag{3.49}$$

根据勒让德变换的定义，有

$$\frac{\partial R}{\partial C_j}=\dot{q}_j,\ \frac{\partial L}{\partial \dot{q}_j}=C_j,\ j=n-m+1,\cdots,n \tag{3.50}$$

且对于非循环坐标有

$$\frac{\partial R}{\partial q_j}=-\frac{\partial L}{\partial q_j},\ \frac{\partial R}{\partial \dot{q}_j}=-\frac{\partial L}{\partial \dot{q}_j},\ j=1,\cdots,n-m \tag{3.51}$$

代入拉格朗日方程中，对于非循环坐标有

$$\frac{\mathrm{d}}{\mathrm{d}t}\left(\frac{\partial R}{\partial \dot{q}_j}\right)-\frac{\partial R}{\partial q_j}=0,\quad j=1,2,\cdots,n-m \tag{3.52}$$

以上过程表明：原来的 n 个方程减少为仅包含 $n-m$ 个非循环坐标劳斯函数表示的 $n-m$ 个拉格朗日方程，通过求解(3.52)可以得到 $n-m$ 个非循环坐标。而对于循环坐标，其在方程(3.52)中不出现，因此也将循环坐标称为**可遗坐标**。m 个可遗坐标可由式(3.50)的第一式积分求得，即

$$q_j=\int\frac{\partial R}{\partial C_j}\mathrm{d}t,\quad j=n-m+1,\cdots,n \tag{3.53}$$

例 3.7　对于例 3.6 的系统，请写出劳斯函数及相应的动力学方程。

解　已知系统的拉格朗日函数为

$$L = T - V = \frac{1}{2}(M\rho^2 + mr^2)\dot{\varphi}^2 + \frac{1}{2}m\dot{r}^2 - \frac{1}{2}k(r - l_0)^2 \tag{a}$$

其中 φ 为可遗坐标(循环坐标)。

劳斯函数可写为

$$R = \dot{\varphi}p_\varphi - L = \dot{\varphi}C - L \tag{b}$$

其中

$$p_\varphi = (M\rho^2 + mr^2)\dot{\varphi} = C \tag{c}$$

广义速度可以表示为

$$\dot{\varphi} = \frac{C}{M\rho^2 + mr^2} \tag{d}$$

将(d)代入(b)并化简,可得劳斯函数为

$$R = \frac{1}{2}\frac{C^2}{M\rho^2 + mr^2} - \frac{1}{2}m\dot{r}^2 + \frac{1}{2}k(r - l_0)^2 \tag{e}$$

可以看出,(e)只是广义坐标 r 的函数。将其代入式(3.52)中可得方程

$$m\ddot{r} + k(r - l_0) - \frac{mrC^2}{(M\rho^2 + mr^2)^2} = 0 \tag{f}$$

3.4　带有乘子的拉格朗日方程

第二类拉格朗日方程只适用于完整系统,而且是不含有多余坐标的完整系统。所谓**多余坐标**是指对于完整系统所选取的广义坐标数大于系统的自由度数,从而使得所选取的广义坐标不能完全自然地满足系统完整约束所产生的不独立的广义坐标。对于每个完整约束理论上均可以用一个约束反力替代。由于采用了多余坐标,完整系统也会出现约束方程,而对应于多余坐标的广义力实际就是与相应约束对应的约束反力。

对于非完整系统或含有多余坐标的完整系统,若要从广义坐标形式的动力学普遍方程(3.14)得到依广义坐标分离的动力学方程,必须采用有效的方法使得不独立的广义坐标变分的系数项等于零。本节介绍的拉格朗日乘子法就是处理非完整系统的一种实用方法,该方法也同样适用于处理含有多余坐标的完整系统。

3.4.1　拉格朗日乘子及其物理意义

下面首先通过含有一个非完整约束的非完整系统的例子说明拉格朗日乘子的思想及物理意义。设非完整质点系,选用广义坐标 $q_1, q_2, \cdots, q_n$,其有一个非完整约束

$$\sum_{j=1}^{n} A_j \delta q_j = 0 \tag{3.54}$$

几何上，式(3.54)定义了与虚位移 $\delta \boldsymbol{q}=(\delta q_1,\delta q_2,\cdots,\delta q_n)^{\mathrm{T}}$ 方向垂直的方向的矢量。而约束反力应该是矢量 $\mathbf{A}=(A_1,A_2,\cdots,A_n)^{\mathrm{T}}$ 乘以一个比例系数。为此，定义该比例系数为 $\lambda(t)$，并称其为**拉格朗日乘子**。此时，作用在第 j 个广义坐标 q_j 上的广义力(包含有主动力和约束反力)可记为

$$Q_j + \lambda A_j$$

因此，由方程(3.15)可得

$$\frac{\mathrm{d}}{\mathrm{d}t}\left(\frac{\partial T}{\partial \dot{q}_j}\right) - \frac{\partial T}{\partial q_j} = Q_j + \lambda A_j,\quad j = 1,2,\cdots,n \tag{3.55}$$

方程(3.55)与约束方程(3.54)一起共 $n+1$ 个方程用来求解 $n+1$ 个未知量，n 个广义坐标和 1 个拉格朗日乘子。

基于上面对于拉格朗日乘子的物理意义的讨论，可以对含有多余坐标的完整系统进行类似的分析。设一个质量为 m 的质点在固定曲面上运动，受到的主动力为 $\boldsymbol{F}=(F_x,F_y,F_z)^{\mathrm{T}}$，取 x,y,z 为广义坐标，则存在完整约束

$$f(x,y,z) = 0$$

其表示质点运动的三维空间中光滑曲面，相应的变分形式为

$$\frac{\partial f}{\partial x}\delta x + \frac{\partial f}{\partial y}\delta y + \frac{\partial f}{\partial z}\delta z = 0 \tag{3.56}$$

系统的动能为

$$T = \frac{1}{2}m(\dot{x}^2 + \dot{y}^2 + \dot{z}^2) \tag{3.57}$$

选取拉格朗日乘子 λ，系统受到的广义力为

$$Q_x = F_x + \lambda\left(\frac{\partial f}{\partial x}\right),\ Q_y = F_y + \lambda\left(\frac{\partial f}{\partial y}\right),\ Q_z = F_z + \lambda\left(\frac{\partial f}{\partial z}\right) \tag{3.58}$$

将动能和广义力代入拉格朗日方程(3.15)，可得

$$\begin{aligned} m\ddot{x} &= F_x + \lambda\left(\frac{\partial f}{\partial x}\right) \\ m\ddot{y} &= F_y + \lambda\left(\frac{\partial f}{\partial y}\right) \\ m\ddot{z} &= F_z + \lambda\left(\frac{\partial f}{\partial z}\right) \end{aligned} \tag{3.59}$$

将上式与牛顿第二定律对比，不难看出

$$\lambda\left(\frac{\partial f}{\partial x}\right) = R_x,\ \lambda\left(\frac{\partial f}{\partial y}\right) = R_y,\ \lambda\left(\frac{\partial f}{\partial z}\right) = R_z \tag{3.60}$$

即：拉格朗日乘子正比于质点所受的约束力。通过引入多余坐标，所选取的广义坐

标不再自然满足完整系统的约束。这样看似增加了系统的变量，但同时可以解出系统的约束力。

3.4.2 劳斯方程

由 N 个质点组成的质点系，为非完整系统，当选取广义坐标 $q_1, q_2, \cdots, q_n$ 后，系统存在 m 个线性非完整约束，其约束方程的广义坐标形式为

$$\sum_{j=1}^{n} B_{\beta j} dq_j + B_{\beta 0}\mathrm{d}t = 0,\quad \beta = 1,2,\cdots,m \tag{3.61}$$

而对应于广义坐标的等时变分 $\delta q_1, \delta q_2, \cdots, \delta q_n$ 的约束方程为

$$\sum_{j=1}^{n} B_{\beta j}\delta q_j = 0,\quad \beta = 1,2,\cdots,m \tag{3.62}$$

由于存在(3.61)中 m 个方程，$\delta q_1, \delta q_2, \cdots, \delta q_n$ 中有 m 个互不独立的，动力学普遍方程(3.14)无法直接写为关于这 n 个广义坐标的分离方程。为此，引入 m 个未定的拉格朗日乘子 λ_β，$\beta=1,2,\cdots,m$，并将方程(3.62)中的每个方程乘以相应的拉格朗日乘子 λ_β，并求和且交换求和顺序，可得

$$\sum_{\beta=1}^{m}\lambda_\beta \sum_{j=1}^{n} B_{\beta j}\delta q_j = \sum_{j=1}^{n}\Big(\sum_{\beta=1}^{m}\lambda_\beta B_{\beta j}\Big)\delta q_j = 0 \tag{3.63}$$

将式(3.63)与用广义坐标和动能表示的动力学普遍方程(3.14)相加，得到

$$\sum_{j=1}^{n}\left[Q_j - \frac{\mathrm{d}}{\mathrm{d}t}\left(\frac{\partial T}{\partial \dot{q}_j}\right) + \frac{\partial T}{\partial q_j} + \sum_{\beta=1}^{m}\lambda_\beta B_{\beta j}\right]\delta q_j = 0 \tag{3.64}$$

接下来，可以通过选择 m 个合适的未定拉格朗日乘子 λ_β，$\beta=1,2,\cdots,m$，而使方程(3.64)中前 m 个不独立变分 $\delta q_1, \delta q_2, \cdots, \delta q_m$ 的系数等于零，从而得到 m 个方程，即有

$$\frac{\mathrm{d}}{\mathrm{d}t}\left(\frac{\partial T}{\partial \dot{q}_j}\right) - \frac{\partial T}{\partial q_j} = Q_j + \sum_{\beta=1}^{m}\lambda_\beta B_{\beta j},\quad j = 1,2,\cdots,m \tag{3.65}$$

此时，方程(3.64)只包含与 $n-m$ 个独立坐标变分 $\delta q_{n-m+1}, \delta q_{n-m+2}, \cdots, \delta q_n$ 相关项的求和且等于零，即

$$\sum_{j=n-m+1}^{n}\left[Q_j - \frac{\mathrm{d}}{\mathrm{d}t}\left(\frac{\partial T}{\partial \dot{q}_j}\right) + \frac{\partial T}{\partial q_j} + \sum_{\beta=1}^{m}\lambda_\beta B_{\beta j}\right]\delta q_j = 0$$

显然，上式成立的充分必要条件就是 $\delta q_{n-m+1}, \delta q_{n-m+2}, \cdots, \delta q_n$ 前的系数等于零，由此又得到 $n-m$ 个方程，与上面式(3.65)得到的 m 个方程合起来，可以得到 n 个分离的方程

$$\frac{\mathrm{d}}{\mathrm{d}t}\left(\frac{\partial T}{\partial \dot{q}_j}\right) - \frac{\partial T}{\partial q_j} = Q_j + \sum_{\beta=1}^{m}\lambda_\beta B_{\beta j},\quad j = 1,2,\cdots,n \tag{3.66}$$

可以看出：系统有 n 个广义坐标和 m 个拉格朗日乘子待求，为此需将 n 个动力学方程与 m 个非完整约束方程(3.61)联立，共 $n+m$ 个方程联立求解。方程(3.66)称为**带乘子的拉格朗日方程**，分别由费勒斯(Ferrers)于1873年和劳斯(Routh)于1884年导出，也称为**劳斯方程**。

一般情形，可将约束方程看作既包含非完整约束的方程，又包含由于多余坐标带来的完整约束方程，则上述过程可以处理既有非完整约束，也有多余坐标的动力学系统的建模问题。

例3.8 在倾角为 α 的冰面上运动的冰刀，其简化为质量为 m 长度为 l 的均质杆(见图3.7)，且质心 O_c 的速度方向保持与刀身的方向一致。试用劳斯方程建立冰刀的运动微分方程。

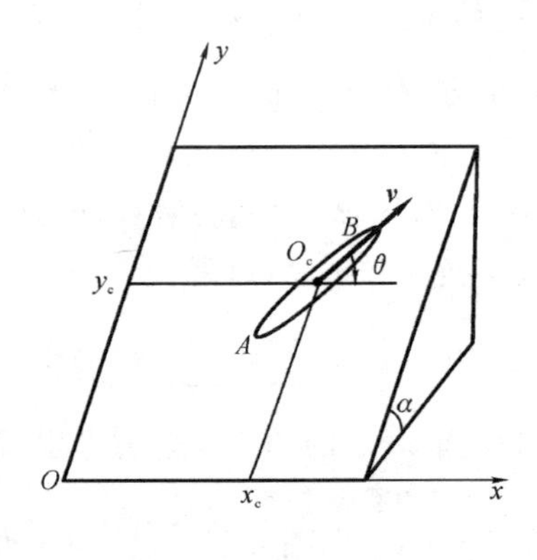

图 3.7

解 该系统的自由度为2，取 x_c, y_c, θ 为广义坐标，其应满足如下非完整约束条件

$$\dot{y}_c\cos\theta - \dot{x}_c\sin\theta = 0 \tag{a}$$

其变分形式为

$$\cos\theta\delta y_c - \sin\theta\delta x_c = 0 \tag{b}$$

冰刀的动和势能分别为

$$\left.\begin{aligned} T &= \frac{1}{2}m(\dot{x}_c^2 + \dot{y}_c^2) + \frac{1}{2}\left(\frac{1}{12}ml^2\right)\dot{\theta}^2 \\ V &= mgy_c\sin\alpha \end{aligned}\right\} \tag{c}$$

代入方程(3.59)，可导出

$$\left.\begin{aligned} &m\ddot{x}_c = -\lambda\sin\theta \\ &m\ddot{y}_c + mg\sin\alpha = \lambda\cos\theta \\ &\ddot{\theta} = 0 \end{aligned}\right\} \tag{d}$$

系统有四个待求变量，冰刀的运动规律需由动力学方程(d)与约束方程(a)共

同确定。

例 3.9　对图 3.5 所示例子，试用劳斯方程建立小环的运动微分方程。

解　系统的自由度为 1，取柱坐标(r,φ,z)为广义坐标，为多余坐标系统。

此时，小环约束条件为

$$\frac{r^2}{2s}-z=0,\dot{\varphi}-\omega=0 \tag{a}$$

式(a)的变分形式为

$$\frac{r}{s}\delta r-\delta z=0,\delta\varphi=0 \tag{b}$$

系统的动和势能分别为

$$T=\frac{1}{2}m[\dot{r}^2+r^2\dot{\varphi}^2+\dot{z}^2],\quad V=mgz \tag{c}$$

拉格朗日函数为

$$L=\frac{1}{2}m[\dot{r}^2+r^2\dot{\varphi}^2+\dot{z}^2]-mgz \tag{d}$$

引入拉格朗日乘子 λ_1 和 λ_2，并代入劳斯方程(3.66)，可得

$$\left.\begin{aligned} m\ddot{r}-mr\dot{\varphi}^2&=\frac{r}{s}\lambda_1\\ \frac{\mathrm{d}}{\mathrm{d}t}(mr^2\dot{\varphi})&=\lambda_2\\ m\ddot{z}+mg&=-\lambda_1 \end{aligned}\right\} \tag{e}$$

系统有五个待求变量，动力学方程(e)和约束方程(a)共同确定小环的运动规律。

为了与例 3.5 的结果进行比较，利用约束方程(a)及运动微分方程(e)，可以推导得到以 r 为广义坐标表达的运动微分方程为

$$(1+\frac{r^2}{s^2})\ddot{r}+\frac{r}{s^2}\dot{r}^2+\frac{g}{s}r-\omega^2r=0 \tag{f}$$

3.5　机电类比方法与机电耦合系统

上面的介绍可以看出拉格朗日力学是基于能量来讨论动力学问题，因此其理论将不再局限于机械系统，而是可以推广到非机械系统中。该理论的一种非常实用的拓展，是应用于电路系统以及机电耦合系统。将机械(力学)系统和电路系统进行类比研究已经有很长的历史了，早在麦克斯韦研究电场和磁场问题时就已研究了电路与机械振子类比的方法，并且指出：由 n 个独立环路组成的电磁系统依赖于 n 个独立的变量，且类比于 n 个自由度的机械系统由 n 个二阶常微分方程描述。

本节将采用机-电类比方法建立电路和机电耦合系统的动力学方程。

3.5.1 机-电类比方法

设电路系统包含 m 个电路,其中第 k 个电路由电容 C_k、电感线圈 L_k、电阻 R_k 和输入电压 u_k 构成(见图 3.8),记电容器电荷为 e_k,$k=1,2,\cdots,m$,则环路中的电流为 $\dot{e}_k$,$k=1,2,\cdots,m$。根据表 3.1 电路变量与力学变量的类比关系可以写出电路系统的等效动能 T_e 和势能 V_e,以及等效的拉格朗日函数 L_e 和电磁耗散函数 D_e。

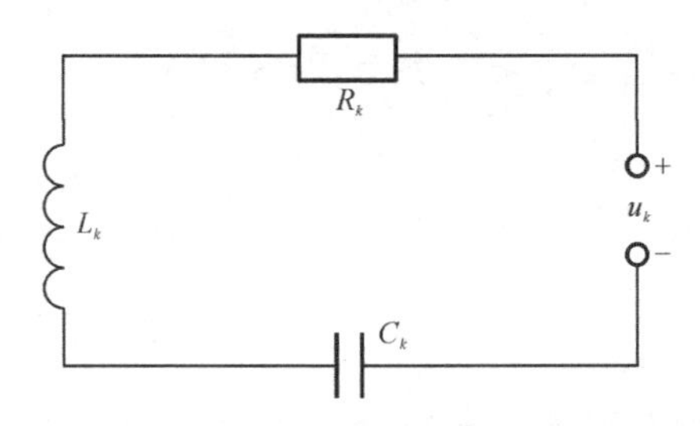

图 3.8 电路回路及其元件

表 3.1 电路变量与力学变量的类别关系

力学变量	电路变量
位移 q	电荷 e
速度 $\dot{q}$	电流 $\dot{e}$
力 F	电势差 u
质量 m	电感系数 L
弹簧系数 k	电容系数 $1/C$
阻尼 c	电阻 R

为了依据机-电类比的方法建立电路的方程,首先,选取电荷作为电路系统的广义坐标,e_k,$k=1,2,\cdots,m$。其次,确定拉格朗日方程中的各个量的类比表达式。电路中电感线圈类比力学的惯性特性产生动能

$$T_e = \frac{1}{2}\sum_{k=1}^{m}\sum_{l=1}^{m} L_{kl}\dot{e}_k\dot{e}_l \tag{3.67}$$

上式中给出的等效动能与广义速度表示的动能的二次项形式相同,计及了不同回路间互感的作用。电路中的电容可存储电荷,类比于力学的弹性元件产生势能

$$V_e = \frac{1}{2}\sum_{k=1}^{m}\frac{1}{C_k}e_k^2 \tag{3.68}$$

由此可以写出电路系统的等效拉格朗日函数为

$$L_e(e_k, \dot{e}_k) = T_e(\dot{e}_k) - V_e(e_k) \tag{3.69}$$

以及将电阻类比于机械阻尼所产生的电磁耗散函数

$$D_e = \frac{1}{2}\sum_{k=1}^{m} R_k \dot{e}_k^2 \tag{3.70}$$

另外,外加电源的电势差类比于力,因此其等效元功之和记为

$$\delta W_e = \sum_{k=1}^{m} u_k \delta e_k \tag{3.71}$$

为此,对应的等效广义力为

$$Q_{ek} = \frac{\delta W_e}{\delta e_k} = u_k, \quad k = 1, 2, \cdots, m \tag{3.72}$$

将电路系统等效拉格朗日函数(3.69)、电磁耗散函数(3.70)和等效广义力(3.72)代入拉格朗日方程(3.31),可得电路系统的拉格朗日方程

$$\frac{\mathrm{d}}{\mathrm{d}t}\left(\frac{\partial L_e}{\partial \dot{e}_k}\right) - \frac{\partial L_e}{\partial e_k} + \frac{\partial D_e}{\partial \dot{e}_k} = u_k, \quad k = 1, 2, \cdots, m \tag{3.73}$$

例 3.10　请利用机-电类比方法和拉格朗日方程,建立图 3.9 中电路的方程。

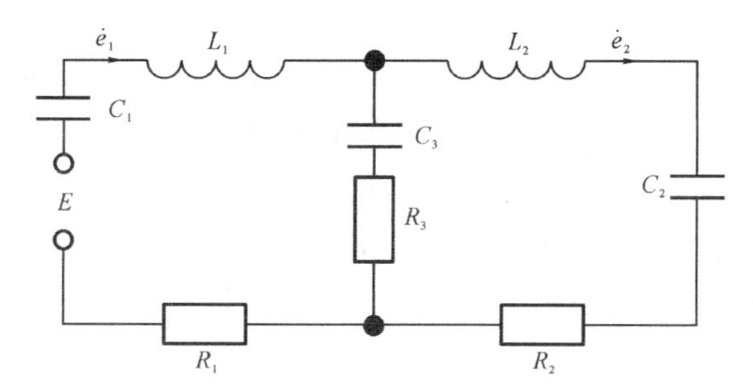

图 3.9

解　该电路有两个环路,选取电荷为广义坐标 e_1, e_2。

系统的动能可以写为

$$T_e = \frac{1}{2}(L_1\dot{e}_1^2 + L_2\dot{e}_2^2) \tag{a}$$

系统的势能可以写为

$$V_e = \frac{1}{2}\left[\frac{1}{C_1}e_1^2 + \frac{1}{C_2}e_2^2 + \frac{1}{C_3}(e_1 - e_2)^2\right] \tag{b}$$

系统的电磁耗散函数写为

$$D_e = \frac{1}{2}[R_1\dot{e}_1^2 + R_2\dot{e}_2^2 + R_3(\dot{e}_1 - \dot{e}_2)^2] \tag{c}$$

系统的广义力记为

$$Q_{e1}=\frac{\delta W_e}{\delta e_1}=E,\ Q_{e2}=0 \tag{d}$$

基于动能和势能可以得到拉格朗日函数，并将各个变量代入(3.66)中，可得

$$\begin{aligned}&L_1\ddot{e}_1+R_1\dot{e}_1+R_3(\dot{e}_1-\dot{e}_2)+\frac{e_1}{C_1}+\frac{e_1-e_2}{C_3}=E\\&L_2\ddot{e}_2+R_2\dot{e}_2-R_3(\dot{e}_1-\dot{e}_2)+\frac{e_2}{C_2}-\frac{e_1-e_2}{C_3}=0\end{aligned} \tag{e}$$

3.5.2 机电耦合系统

在机电系统中，机械元件的机械运动服从动力学基本规律，而电磁元件的电磁运动则遵循电磁场的物理规律。由于电磁运动可产生作用力，而机械运动可影响电荷和磁场的分布，因此这两类运动相互耦合。

设机电系统包含 n 个自由度的机械元件和 m 个电路组成的电磁元件。其中：n 个机械自由度采用广义坐标 $q_j, j=1,2,\cdots,n$ 表示。m 个电路中的第 k 个电路由电容 C_k、电感线圈 L_k、电阻 R_k 和输入电压 u_k 构成，为此，取电容器电荷 $e_k, k=1,2,\cdots,m$ 为广义坐标，而环路中的电流则记为 $\dot{e}_k, k=1,2,\cdots,m$。

在机电耦合系统中，电磁场的能量，即式(3.67)和式(3.68)给出的等效动能和势能将是机械自由度的函数，所以电磁场的等效拉格朗日函数可记为

$$L_e(q_j,e_k,\dot{e}_k)=T_e(q_j,\dot{e}_k)-V_e(q_j,e_k) \tag{3.74}$$

另外，可根据能量守恒定律，即输入机电系统的电功率转换为电磁场能量的变化率，电阻耗散功率，以及电磁力所做的机械功率，导出电磁场对机械元件作用的广义力

$$Q_j^e=\frac{\partial T_e}{\partial q_j}-\frac{\partial V_e}{\partial q_j} \tag{3.75}$$

对于机械系统的动能、势能、瑞利耗散函数和广义力采用前面使用的符号 T，V，D 和 $Q_j, j=1,2,\cdots n$。定义机电耦合系统的拉格朗日函数，其包含有机械系统的拉格朗日函数和电磁系统的拉格朗日函数之和，记为

$$\begin{aligned}L_c(q_j,\dot{q}_j,e_k,\dot{e}_k)&=L(q_j,\dot{q}_j)+L_e(q_j,e_k,\dot{e}_k)\\&=T(q_j,\dot{q}_j)-V(q_j)+T_e(q_j,\dot{e}_k)-V_e(q_j,e_k)\end{aligned} \tag{3.76}$$

而机电系统的总耗散函数 D_c 为机械耗散函数 D 与电磁耗散函数 D_e 之和，即

$$D_c=D(\dot{q}_j)+D_e(\dot{e}_k) \tag{3.77}$$

为此，将上述函数和广义力代入拉格朗日方程(3.31)中，可以分别得到机械系

统的拉格朗日方程，其为关于广义坐标 $q_j, j=1,2,\cdots,n$ 得到的动力学方程

$$\frac{\mathrm{d}}{\mathrm{d}t}\left(\frac{\partial L_c}{\partial \dot{q}_j}\right)-\frac{\partial L_c}{\partial q_j}+\frac{\partial D}{\partial \dot{q}_j}=Q_j,\quad j=1,2,\cdots,n \tag{3.78}$$

以及电磁系统的拉格朗日方程，其为关于广义坐标 $e_k, k=1,2,\cdots,m$ 得到的动力学方程，称为麦克斯韦方程

$$\frac{\mathrm{d}}{\mathrm{d}t}\left(\frac{\partial L_c}{\partial \dot{e}_k}\right)-\frac{\partial L_c}{\partial e_k}+\frac{\partial D_e}{\partial \dot{e}_k}=u_k,\quad k=1,2,\cdots,m \tag{3.79}$$

方程(3.78)和(3.79)具有完美的对称性，两组方程合起来构成**拉格朗日-麦克斯韦方程**。

例 3.11　电子测量仪表的简化模型如图 3.10 所示。仪表指针绕旋转轴的惯性矩为 J，绕转轴扭簧的弹性系数为 k，与转动速度成正比的阻尼系数为 c。仪表电子线路的电感为 L，电阻为 R，机电转换系数为 L_0。请利用拉格朗日-麦克斯韦方程建立系统的动力学方程。

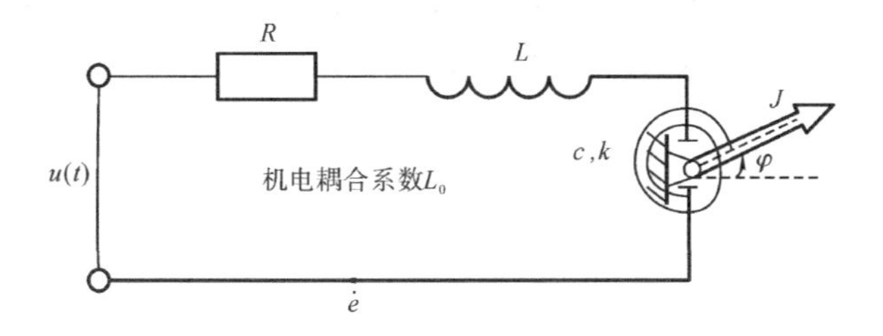

图 3.10

解　采用仪表指针的转角 φ 和电子线路的电荷 e 为广义坐标。

则系统的动能可写为

$$T_c=T+T_e=\frac{1}{2}J\dot{\varphi}^2+\frac{1}{2}L\dot{e}^2 \tag{a}$$

系统的势能可写为

$$V_c=V=\frac{1}{2}k\varphi^2 \tag{b}$$

系统的拉格朗日函数为

$$L_c=T_c-V_c=\frac{1}{2}J\dot{\varphi}^2+\frac{1}{2}L\dot{e}^2-\frac{1}{2}k\varphi^2 \tag{c}$$

系统的耗散函数为

$$D_c=D+D_e=\frac{1}{2}c\dot{\varphi}^2+\frac{1}{2}R\dot{e}^2 \tag{d}$$

系统的广义力为

$$Q = L_0\dot{e},\ Q_e = u(t) - L_0\dot{\varphi} \tag{e}$$

其分别考虑了洛仑兹力产生的力矩及与转速成正比的感应压降。将上述变量代入拉格朗日-麦克斯韦方程(3.78)和(3.79)可得

$$\begin{aligned} J\ddot{\varphi} + c\dot{\varphi} + k\varphi &= L_0\dot{e} \\ L\ddot{e} + R\dot{e} + L_0\dot{\varphi} &= u(t) \end{aligned} \tag{f}$$

利用(f)第一个方程消去 $\dot{e}$ 可得

$$\dddot{\varphi} + \left(\frac{c}{J} + \frac{R}{L}\right)\ddot{\varphi} + \left(\frac{k}{J} + \frac{Rc}{LJ} + \frac{L_0^2}{LJ}\right)\dot{\varphi} + \frac{kR}{LJ}\varphi = \frac{L_0}{LJ}u(t) \tag{g}$$

习　题

3.1　如题 3.1 图所示，顶角为 2α、底半径为 R 的正圆锥可绕其对称轴转动，质点 M 从顶点沿圆锥一条母线向底面运动，试写出约束方程，并判断其自由度数。

3.2　如题 3.2 图所示，设有一质点沿 x 轴正向运动，坐标为 $x_1 = f(t)$，$y_1 = 0$。同时，有一质点 M 追踪 M_1，即其速度始终指向 M_1，试建立 M 点的约束方程，判断其自由度数。

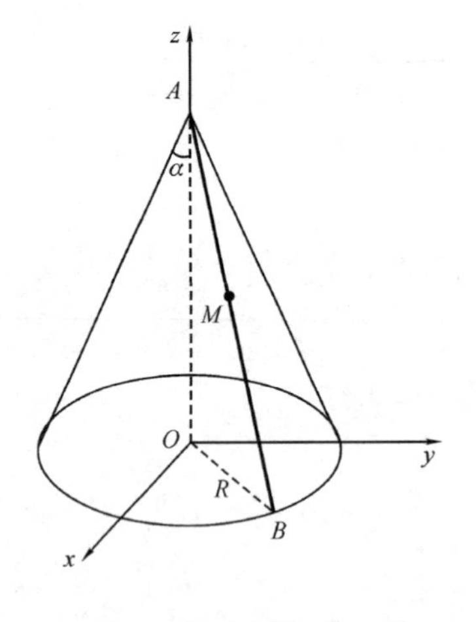

题 3.1 图

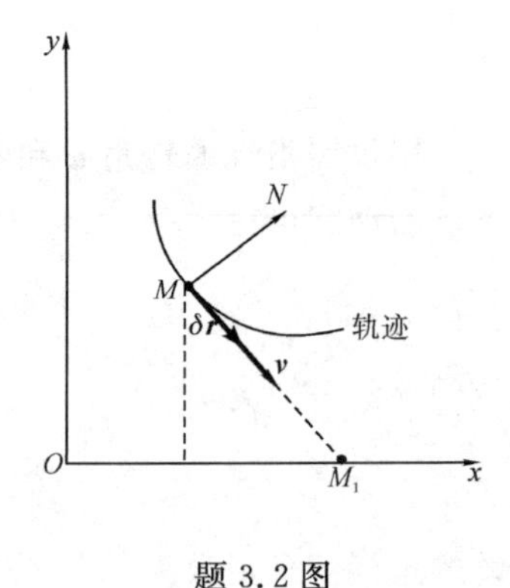

题 3.2 图

3.3　如题 3.3 图所示，三角形物块 A 质量为 m_1，可在光滑水平面上运动。滑块 B 质量为 m_2，可沿 A 斜面运动，假设斜面光滑且倾角记为 θ。弹簧的刚度系数记为 k。试列写拉格朗日方程及初积分。

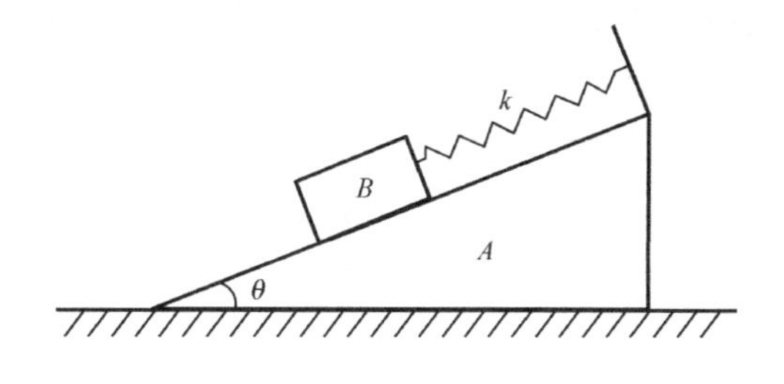

题 3.3 图

3.4　如题 3.4 图所示，在半径为 R 的光滑固定圆筒 O 上放置长度为 $2l$ 的匀质光滑直杆 BC，设 BC 杆可在铅直平面内运动。在杆脱离圆筒之前，试用拉格朗日方法建立杆的运动微分方程。

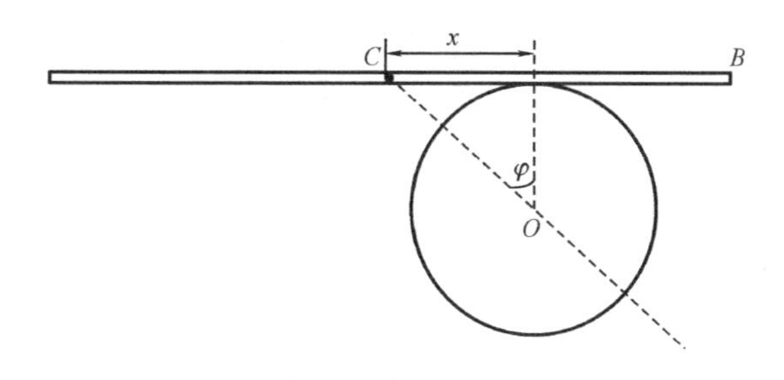

题 3.4 图

3.5　半径为 r，质量为 m_1 的均质圆盘从倾斜角为 α，质量为 m_2 的三角块上无滑动滚下，如题 3.5 图所示，三角块与地面光滑接触。试利用拉格朗日方程计算圆盘和三角块的加速度，并列出系统的循环积分和能量积分。

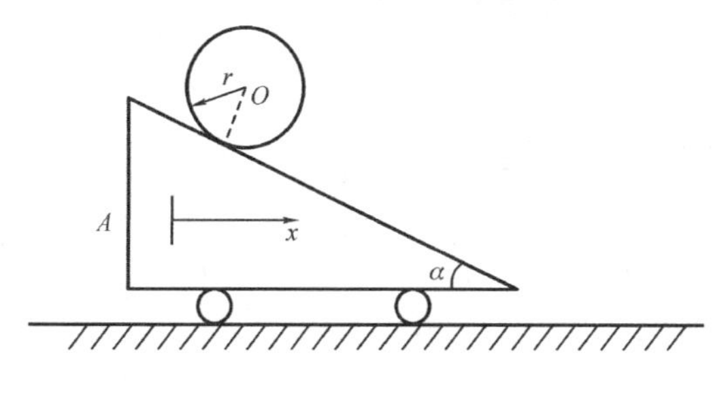

题 3.5 图

3.6 作单杠振浪运动的人体简化为以 O_1 为悬挂点，由上躯干和下躯干以关节 O_2 联结的双复摆模型，如题 3.6 图所示。设 m_1，m_2，J_1，J_2，O_{c1}，O_{c2}分别为上下躯干的质量、相对过质心转动轴的转动惯量和质心位置，M_1 为单杠作用于手掌的摩擦力矩，M_2 为上躯干作用于下躯干的肌肉控制力矩，以上下躯干相对垂直轴的偏角 θ_1，θ_2 为广义坐标，令 $l_1=O_1O_{c1}$，$l_2=O_2O_{c2}$，$l=O_1O_2$，列写拉格朗日方程。

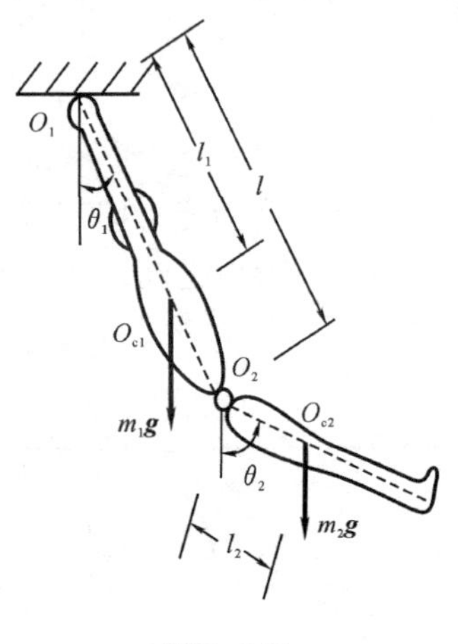

题 3.6 图

3.7 质量为 m 的木板放在两个质量均为 m_1 的滚子上由于水平力 $\boldsymbol{P}$ 的作用引起系统的运动。假设滚子沿水平面作纯滚动，板子与滚子之间无相对滑动，如题图3.7所示。试用拉格朗日方法求出板的运动微分方程，并讨论是否存在循环积分和能量积分。

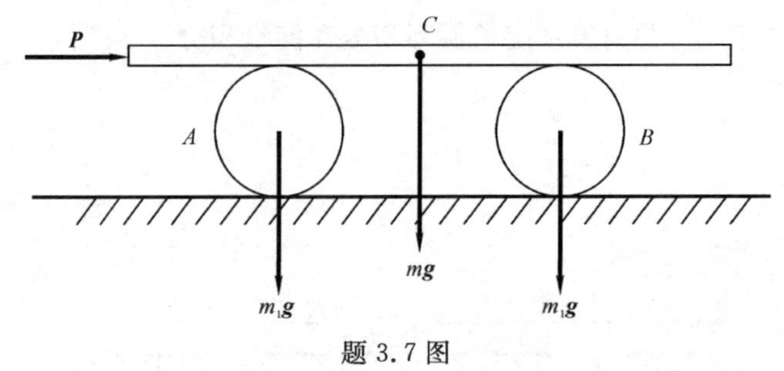

题 3.7 图

3.8 质量为 m_1 的匀质摇杆 OA 铰接一质量为 m_2 的匀质圆盘 A，在 B 处联结一刚度系数为 k 的弹簧。当系统平衡时，OA 处于水平位置，弹簧处于铅直位置如题3.8图所示。已知 $OA=l$，$OB=a$，若圆盘沿固定圆弧形轨道只滚不滑时，试用拉格朗日方法求系统的运动微分方程，并讨论是否存在初积分。

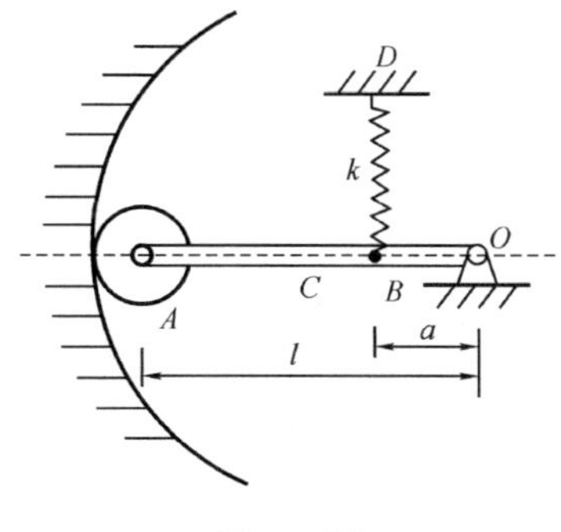

题 3.8 图

3.9　直角三角块 A 可以沿光滑水平面滑动，在三角块的光滑斜面上放置一个均质圆柱 B，其上绕有不可伸长的绳索，绳索通过理想滑轮 C 悬挂一质量为 m 的物块 D，如题 3.9 图所示。已知圆柱 B 的质量为 $2m$，三角块的质量为 $3m$，$\theta=30°$。设开始时系统处于静止状态，且滑轮 C 的大小和质量略去不计。试用拉格朗日方法写出三角块的运动规律及物块 D 和圆柱中心 B 相对于三角块的运动规律。

3.10　滑轮的质量为 m_1，且均匀分布于半径为 R 的轮缘上；在滑轮上跨过一不可伸长的绳子，绳子的一端悬挂一质量为 m_2 的物体 A，另一端固结在铅垂的弹簧上，如题 3.10 图所示。弹簧刚度系数为 k。若绳与滑轮之间无相对滑动，绳的质量及轴承的摩擦不计。试求物体 A 振动的周期。

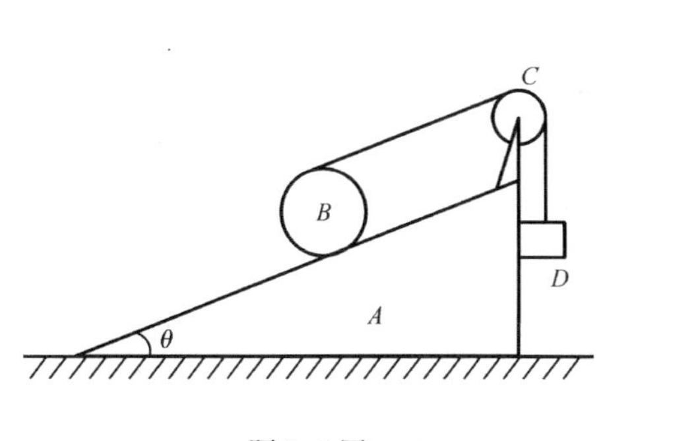

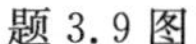
题 3.9 图

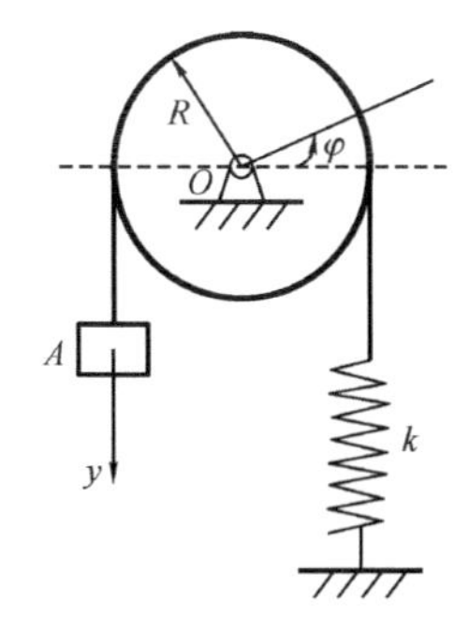

题 3.10 图

3.11　由刚度为 k 的弹簧联结的两个质点 M_1 和 M_2，质量分别为 m_1，m_2，如题 3.11 图所示。两质点分别沿 Ox，Oy 轴运动。已知弹簧原长为 l_0，试用拉格朗日乘子法建立系统的运动微分方程。

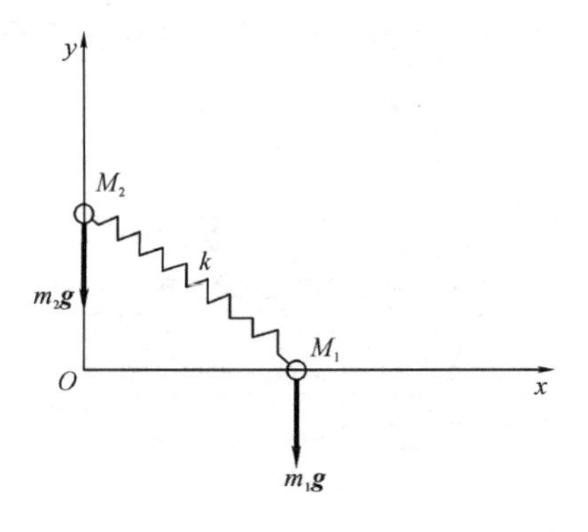

题 3.11 图

3.12 半径为 R 的光滑金属线弯成的圆环以匀角速度 ω 绕其铅直轴转动。在圆环上套有质量为 m 的小圆环 M，小圆环 M 用刚度为 k 的弹簧与大圆环上 O 点相联结，如题 3.12 图所示。记弹簧未变形时长度为 $R\varphi_0$，试用拉格朗日方法建立小圆环 M 的运动微分方程，并写出初积分。

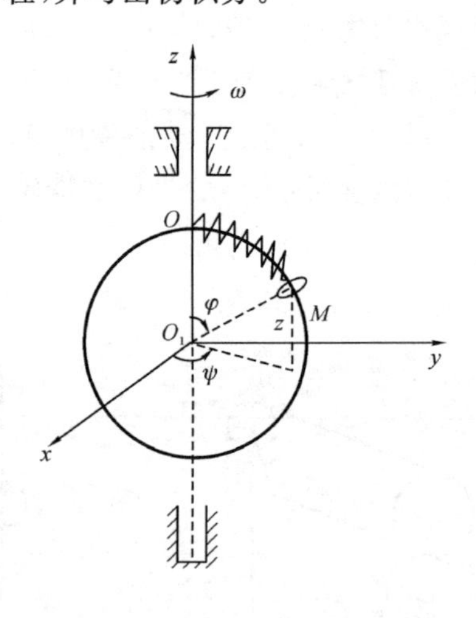

题 3.12 图

3.13 对题 3.12 中的系统，请用拉格朗日乘子法建立小圆环的关于绝对坐标系 $Oxyz$ 的运动微分方程。

3.14 长度为 l 的无质量直杆一端用球铰 O 与支座固定，如题 3.14 图示，另一端固定一质量为 m 的小球 A，长度为 h 的软绳一端固定于点 C，另一端固定于杆上的点 B，BO 的距离为 b，平衡时 OA 水平，而 BC 垂直。试用拉格朗日乘子法建立小球的运动微分方程。

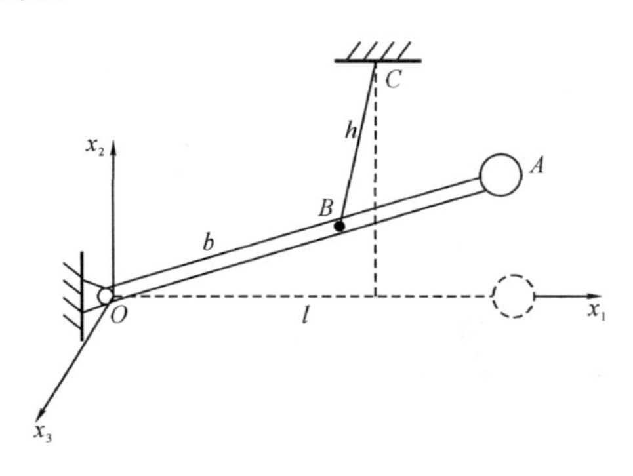

题 3.14 图

3.15　题 3.15 图所示机构中曲柄 OA 和连杆 AB 为均质杆，长度分别为 r 和 l，质量分别为 m_1，m_2，曲柄受常力偶矩 M 作用，滑块 B 的质量不计。试以 φ，θ 为广义坐标列写此系统的劳斯方程。

3.16　如题 3.16 图所示，管子以匀角速度 ω 绕铅直轴转动，质量均为 m 的两个相同的小球之间用刚度系数为 k 的弹簧联结，可沿管子滑动。记弹簧原长为 l_0，忽略摩擦，试用拉格朗日方法建立系统的运动微分方程。

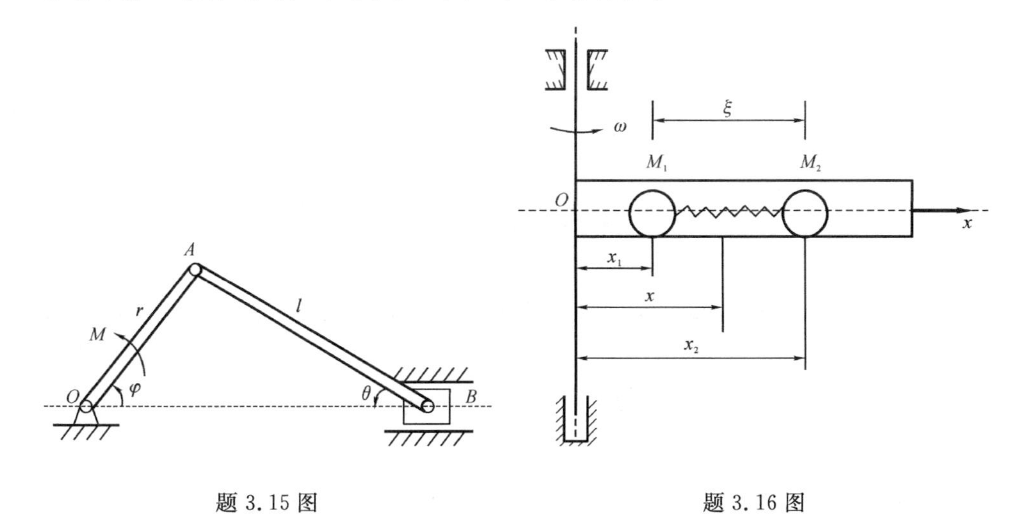

题 3.15 图　　　　题 3.16 图

3.17　如题 3.17 图所示，系统由 3 个质量为 m 的质点组成，各质点间由刚度系数为 k 的弹簧联结，可沿放置在水平面上半径为 r 的光滑圆环运动。记弹簧原长为 l_0，试用拉格朗日方法建立系统的运动微分方程。

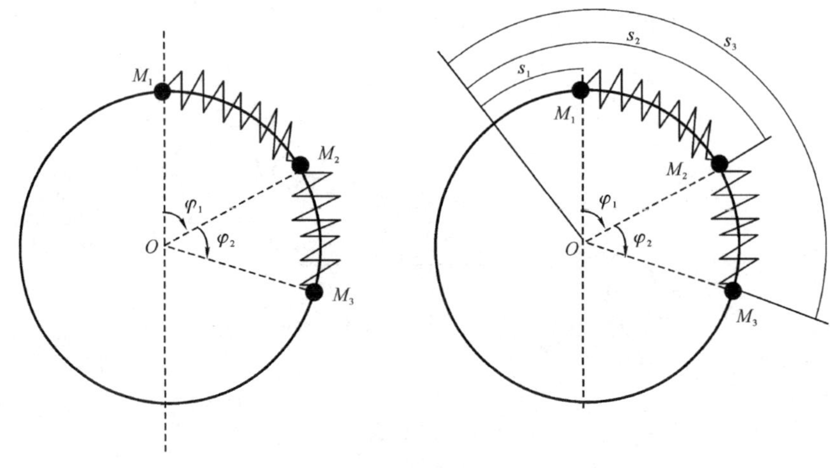

题 3.17 图

3.18 多支路电路网络如题 3.18 图所示，试用拉格朗日方法建立系统的运动微分方程。

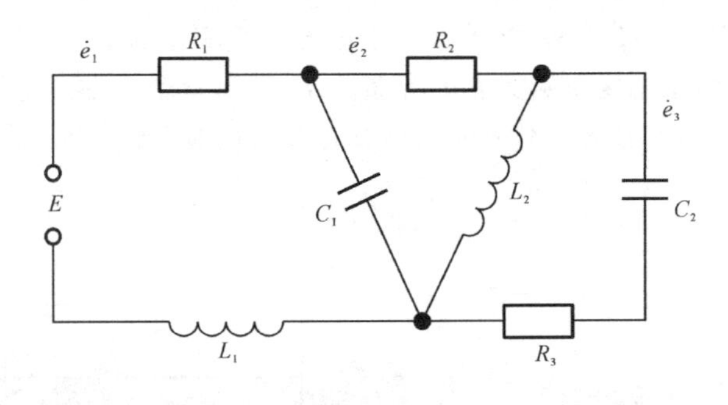

题 3.18 图

3.19 多支路电路网络如题 3.19 图所示，试用拉格朗日方法建立系统的运动微分方程。

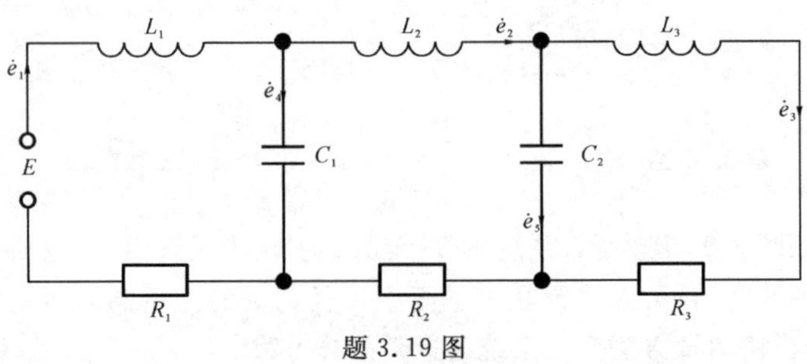

题 3.19 图

3.20　设电容式话筒由弹性支承的电容器极板、电阻 R 和直流电源 E_0 组成，如题 3.20 图所示。电容极板的间隙为 s，作用于极板的声波压力 $F(t)$ 使极板产生受迫振动并改变电容值 $C(s)$，设动极板的质量为 m，弹簧刚度系数为 k，弹簧不变形时的极板间隙和电容值为 a 和 C_0。试用拉格朗日-麦克斯韦方程建立系统的动力学方程。

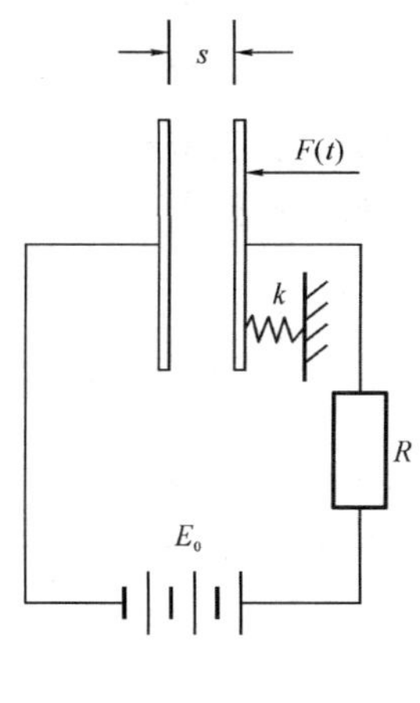

题 3.20 图

第 4 章　哈密顿正则方程

上一章针对完整有势系统推导的第二类拉格朗日方程是一组以广义坐标为独立变量的二阶常微分方程，可具有最少的方程数(与自由度相等)。另外，其具有对广义坐标的不变性。但拉格朗日方程只是在位形空间中来描述系统运动，即采用位形空间中点的运动轨迹。由于位形空间中一个点可能有无数条不同的运动轨迹通过，因此，采用这样的描述方式对于分析系统的运动特性并非最好。本章介绍的哈密顿正则方程与第二类拉格朗日方程完全等价，但其将广义坐标和广义动量均作为独立变量，由此，引入了相空间的概念。在相空间中描述系统的运动的好处是:相空间中的一个点表示系统的一个运动状态，从而可以得到形式简洁且对称的一阶常微分方程组，其数目为自由度数的两倍。正则变量(或状态变量)的引入对力学和物理学有着重要意义，因为采用相空间(或状态空间)的表现形式便于对复杂力学问题(如量子力学)做普遍性的讨论。

4.1　哈密顿正则方程

哈密顿力学将广义坐标和广义动量均作为独立变量，称为**正则变量**。对于自由度为 n 的完整、有势力系统，由 n 个广义坐标和 n 个广义动量组成的 $2n$ 个正则变量构成的空间称为**哈密顿相空间**，简称**相空间**。关于相空间的内容将在本章第 3 节中进一步讨论，下面将首先从拉格朗日函数的概念基础上引入哈密顿函数的概念，然后基于哈密顿函数推导出哈密顿正则方程。

4.1.1　哈密顿函数

第 3 章的 3.3 节中已给出广义动量的定义，记作 p_j，$j=1,2,\cdots,n$，则有

$$p_j = \frac{\partial L}{\partial \dot{q}_j} = \frac{\partial T}{\partial \dot{q}_j}, \quad j = 1,2,\cdots,n \tag{4.1}$$

因为拉格朗日函数 L 是广义速度的二次式，或确切地说是正定函数，由附录 B 中的勒让德变换定理，满足式(B－5)，因此，可以由方程组(4.1)解出

$$\dot{q}_j = \dot{q}_j(\boldsymbol{q},\boldsymbol{p},t), \quad j = 1,2,\cdots,n \tag{4.2}$$

其中，括号中用 q, p 分别表示 n 个广义坐标和 n 个广义动量，称为系统的正则变量

或**哈密顿变量**。

利用附录 B 中介绍的勒让德变换，可以对拉格朗日函数 L 进行关于广义速度的勒让德变换，并由此将变量 $q,\dot{q}$ 代替为 q,p，从而得到**哈密顿函数** H

$$H(\boldsymbol{q},\boldsymbol{p},t)=\sum_{j=1}^{n}\dot{q}_j p_j-L(\boldsymbol{q},\dot{\boldsymbol{q}},t) \tag{4.3}$$

特别值得注意的是：哈密顿函数中 $\dot{\boldsymbol{q}}$ 为独立变量 $\boldsymbol{q}$ 和 $\boldsymbol{p}$ 的函数。

4.1.2　正则方程

将 H 对 q_j 求偏导数，并利用式(4.1)化简，得到

$$\frac{\partial H}{\partial q_j}=\sum_{l=1}^{n}p_l\frac{\partial \dot{q}_l}{\partial q_j}-\frac{\partial L}{\partial q_j}-\sum_{l=1}^{n}\frac{\partial L}{\partial \dot{q}_l}\frac{\partial \dot{q}_l}{\partial q_j}=-\frac{\partial L}{\partial q_j} \tag{4.4}$$

式(4.4)就是勒让德变换中式(B—9)给出的关系式。由有势力的第二类拉格朗日方程可得

$$\dot{p}_j-\frac{\partial L}{\partial q_j}=0 \tag{4.5}$$

结合式(4.4)与式(4.5)可得

$$\dot{p}_j=-\frac{\partial H}{\partial q_j},\quad j=1,2,\cdots,n \tag{4.6}$$

另外，将哈密顿函数 H 对 p_j 求偏导数，可得

$$\frac{\partial H}{\partial p_j}=\dot{q}_j+\sum_{l=1}^{n}p_l\frac{\partial \dot{q}_i}{\partial p_j}-\sum_{l=1}^{n}\frac{\partial L}{\partial \dot{q}_l}\frac{\partial \dot{q}_l}{\partial p_j}=\dot{q}_j \tag{4.7}$$

至此，可以导出用哈密顿正则变量表示的 $2n$ 个一阶微分方程组

$$\left.\begin{aligned}\dot{q}_j&=\frac{\partial H}{\partial p_j}\\ \dot{p}_j&=-\frac{\partial H}{\partial q_j}\end{aligned}\right\}\quad j=1,2,\cdots,n \tag{4.8}$$

方程(4.8)称为**哈密顿正则方程**。正则方程相对于拉格朗日方程具有更简单的形式，且具有对耦形式的结构。另外，一阶导数项只出现在方程的左边，因此更便于在计算机上作数值积分。

在这里需要说明的是：哈密顿正则方程建立的动力学方程，同样可以通过采用拉格朗日方程的方法得到，且对于一般力学问题，相比较而言拉格朗日方程可能更方便于方程的建立。但哈密顿力学的方法采用广义坐标和广义动量为独立的坐标，因此有更大的空间来选择变量，使其能得到更多的初积分（详见4.2节的讨论）。哈密顿力学更适用于处理天体摄动力学、量子力学等，为拓展应用到其它领

域奠定了基础。

例 4.1 质量为 m 的小环 P 套在抛物线 $z=\dfrac{r^2}{2s}$ 形状的细金属丝上，做无摩擦的滑动，细金属丝绕其对称轴 z 以匀角速度 ω 转动。如图 4.1 所示。试写出抛物线小环运动的正则方程。

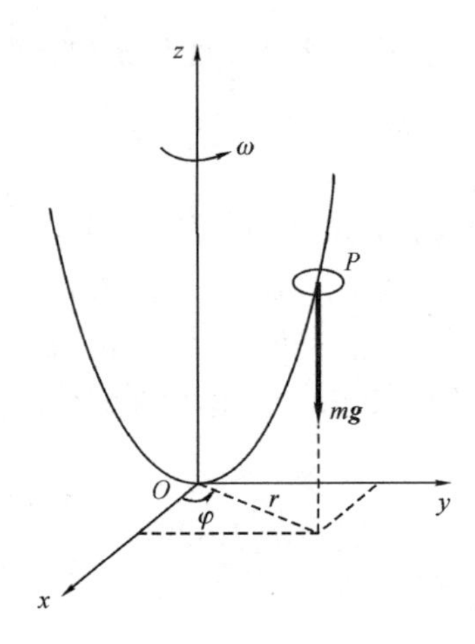

图 4.1

解 系统自由度为 1。广义坐标 r。

系统的拉格朗日函数为

$$L = T - V = \frac{1}{2}m[r^2\omega^2 + (1 + \frac{r^2}{s^2})\dot{r}^2] - mg\,\frac{r^2}{2s} \tag{a}$$

则广义动量为

$$p = \frac{\partial L}{\partial \dot{r}} = m\left(1 + \frac{r^2}{s^2}\right)\dot{r} \tag{b}$$

其物理意义为小球相对于径向的动量。从上式可解出

$$\dot{r} = \frac{p}{m\left(1 + \dfrac{r^2}{s^2}\right)} \tag{c}$$

代入哈密顿函数得

$$H = \frac{p^2}{2m\left(1 + \dfrac{r^2}{s^2}\right)} - \frac{1}{2}mr^2\left(\omega^2 - \frac{g}{s}\right) \tag{d}$$

代入式(4.10)得到正则方程

$$\left.\begin{aligned} \dot{r} &= \frac{p}{m\left(1+\dfrac{r^2}{s^2}\right)} \\ \dot{p} &= \frac{p^2}{ms^2}\frac{r}{\left(1+\dfrac{r^2}{s^2}\right)^2} + mr\left(\omega^2 - \frac{g}{s}\right) \end{aligned}\right\} \tag{e}$$

例 4.2　一个质量为 m 的质点受有心力的作用在平面内运动,其有心力对应的势能记为 $V(\rho)$。试写出质点运动的哈密顿函数和正则方程。

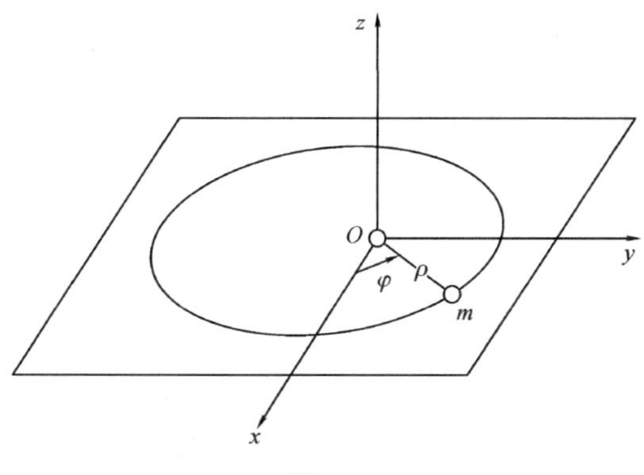

图 4.2

解　质点运动自由度为 2。取广义坐标 ρ,φ。
拉格朗日函数为

$$L = \frac{1}{2}m(\dot{\rho}^2 + \rho^2\dot{\varphi}^2) - V(\rho) \tag{a}$$

广义动量为

$$p_\rho = \frac{\partial L}{\partial \dot{\rho}} = m\dot{\rho},\ p_\varphi = \frac{\partial L}{\partial \dot{\varphi}} = m\rho^2\dot{\varphi} \tag{b}$$

广义速度为

$$\dot{\rho} = \frac{p_\rho}{m},\ \dot{\varphi} = \frac{p_\varphi}{m\rho^2} \tag{c}$$

哈密顿函数为

$$\begin{aligned} H &= \sum_{j=1}^{2} p_j\dot{q}_j - L = p_\rho\dot{\rho} + p_\varphi\dot{\varphi} - \left[\frac{1}{2}m(\dot{\rho}^2 + \rho^2\dot{\varphi}^2) - V(\rho)\right] \\ &= \frac{p_\rho^2}{2m} + \frac{p_\varphi^2}{2m\rho^2} + V(\rho) \end{aligned} \tag{d}$$

正则方程为

$$\dot{\rho}=\frac{p_\rho}{m}\qquad \dot{p}_\rho=-\frac{\partial H}{\partial \rho}=\frac{p_\varphi^2}{m\rho^3}-\frac{\partial V}{\partial \rho}$$
$$\dot{\varphi}=\frac{p_\varphi}{m\rho^2}\quad \dot{p}_\varphi=-\frac{\partial H}{\partial \varphi}=0 \tag{e}$$

4.2 哈密顿正则方程的初积分

在某些情况下，正则方程存在初积分，与拉格朗日方程的初积分是一一对应。

4.2.1 H 中不显含时间 t

计算 H 对 t 的全微分，由于$\partial H/\partial t=0$，将式(4.8)代入后导出

$$\frac{\mathrm{d}H}{\mathrm{d}t}=\sum_{j=1}^{n}\left(\frac{\partial H}{\partial q_j}\dot{q}_j+\frac{\partial H}{\partial p_j}\dot{p}_j\right)+\frac{\partial H}{\partial t}=0 \tag{4.9}$$

从而得到广义能量积分

$$H=C \tag{4.10}$$

由(4.3)不难看出哈密顿函数：$H(\boldsymbol{q},\boldsymbol{p},t)=\sum\limits_{j=1}^{n}\dot{q}_j p_j-L(\boldsymbol{q},\dot{\boldsymbol{q}},t)=\sum\limits_{j=1}^{n}\dot{q}_j\frac{\partial L}{\partial \dot{q}_j}-L(\boldsymbol{q},\dot{\boldsymbol{q}},t)$ 即为雅可比能量函数。因此，根据上一章动能的广义坐标表达式及欧拉齐次函数定理，可得

$$H=T_2-T_0+V$$

对于定常系统有 $T=T_2$，因为 $T_0=0$，此时哈密顿函数为系统的机械能：$H=T+V$。因此，(4.10)表示能量守恒。

4.2.2 H 中不显含某个正则坐标 q_j 或 p_j

(1)当哈密顿函数不显含某个广义动量 p_j 时，由于$\partial H/\partial p_j=0$，代入正则方程(4.8)的第一个方程后，可得到广义坐标守常，即

$$q_j=\alpha_j \tag{4.11}$$

(2)如果某个广义坐标，如：q_j，不出现在拉格朗日函数中，则该坐标称为循环坐标。由于广义坐标不参与勒让德变换，因此，在哈密顿函数中该坐标也不会出现。

设哈密顿函数中不含 q_n，即

$$H=H(\boldsymbol{q},\boldsymbol{p},t)=H(q_1,q_2,\cdots,q_{n-1},p_1,p_2\cdots,p_n,t) \tag{4.12}$$

由哈密顿正则方程(4.8)的第二个方程可知：$\dot{p}_n=\partial H/\partial q_n=0$，即有广义动量

积分

$$p_n = \beta_n \tag{4.13}$$

将上式代入哈密顿函数(4.12),此时,H 仅含 $2n-2$ 个正则变量

$$H = H(\boldsymbol{q},\boldsymbol{p},t) = H(q_1,q_2,\cdots,q_{n-1},p_1,p_2\cdots,\beta_n,t) \tag{4.14}$$

其表明系统的一个自由度被略去,此时正则方程数也变为 $2n-2$ 个。

前面已经提到:是否出现循环坐标取决于怎样选取正则坐标。在中心力场作用的问题中,即:质量为 m 的质点,其受到与距离成反比的引力作用,若采用直角坐标系,则质点的动能和势能分别为

$$T = \frac{1}{2}m(\dot{x}^2+\dot{y}^2),\quad V = -\frac{k^2 m}{\sqrt{x^2+y^2}}\text{(势能零点为无穷远处)} \tag{4.15}$$

此时,哈密顿函数中无循环坐标。而若采用极坐标,则质点的动能和势能分别为

$$T = \frac{1}{2}m(\dot{r}^2+r^2\dot{\varphi}^2),\quad V = -\frac{k^2 m}{r} \tag{4.16}$$

此时,哈密顿函数中不含坐标 φ,因此,其为循环坐标。

在理想的情形下,可以使所有的广义坐标均成为循环坐标。这是完全有可能的,因为广义动量被看做独立的变量。假设哈密顿函数仅是广义动量和时间的函数,即

$$H = H(p_1,p_2\cdots,p_n,t) \tag{4.17}$$

此时,系统变为完全可积。这意味着该问题可以通过初等的积分运算完全解决。因为此时,正则方程(4.8)的后半部分可以得到 n 个初积分

$$p_j = \beta_j,\quad j=1,2,\cdots,n \tag{4.18}$$

这些初积分常数由初始条件决定。这时哈密顿函数实际可以写为

$$H = H(\beta_1,\beta_2,\cdots,\beta_n,t) \tag{4.19}$$

这时,正则方程(4.8)的前半部分可以写为

$$\dot{q}_j = \frac{\partial H}{\partial p_j} \doteq \omega_j(t) \tag{4.20}$$

其中,$\omega_j(t)$是时间的已知函数,因此,广义坐标可以通过积分求解出来

$$q_j = \int \omega_j(\tau)\,\mathrm{d}\tau + \alpha_j \tag{4.21}$$

对于保守系统,哈密顿函数不随时间变化,式(4.20)中的 ω_j 也不随时间变化,因此有

$$q_j = \omega_j t + \alpha_j \tag{4.22}$$

所以系统的全部的解由 $2n$ 个常数 α_j 和 β_j 确定。

通过坐标变换的方法可以得到更多的循环坐标。与拉格朗日方程不同,采用

不同的坐标的哈密顿函数,无法保证其一定具有对称的正则方程形式。而通过坐标变换,既使得变换后的哈密顿函数的结构变得更简单(具有更多的循环坐标),又能保证新变量表示的哈密顿函数依然可得到正则方程,这种坐标变换称为**正则变换**。由于该内容已超出本教材的内容范围,在此将不作介绍。

例 4.3 质点质量为 m,被约束在一圆柱面上运动,其约束方程为:$x^2+y^2=R^2$,R 为圆柱体的半径。质点受力 $\boldsymbol{F}$ 的方向指向固定点 O,$\boldsymbol{F}=-k\boldsymbol{r}$,$\boldsymbol{r}$ 为质点的矢径,k 为常数。试写出质点运动的正则方程,并讨论其初积分。

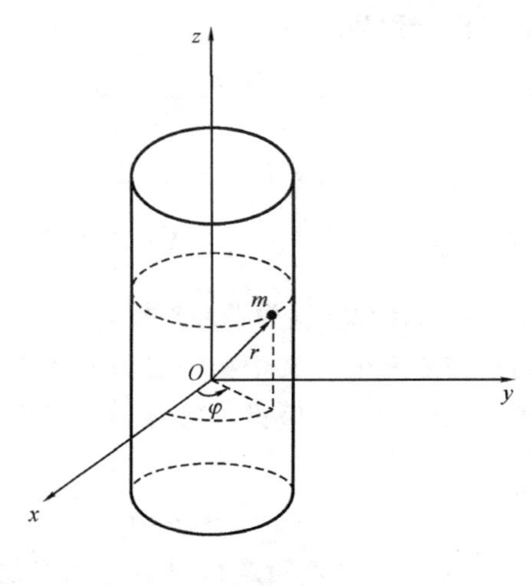

图 4.3

解 系统自由度为 2。取广义坐标为 φ, z。

系统的动能

$$T=\frac{1}{2}m(R^2\dot{\varphi}^2+\dot{z}^2)$$

势能为

$$V=\frac{1}{2}kr^2=\frac{1}{2}k(x^2+y^2+z^2)=\frac{1}{2}k(R^2+z^2)$$

拉格朗日函数

$$L=T-V=\frac{1}{2}m(R^2\dot{\varphi}^2+\dot{z}^2)-\frac{1}{2}k(R^2+z^2) \tag{a}$$

广义动量

$$p_\varphi=\frac{\partial L}{\partial\dot{\varphi}}=mR^2\dot{\varphi}$$

$$p_z = \frac{\partial L}{\partial \dot{z}} = m\dot{z}$$

广义速度

$$\dot{\varphi} = \frac{p_\varphi}{mR^2}$$
$$\dot{z} = \frac{p_z}{m} \tag{b}$$

系统受定常约束,哈密顿函数

$$H = T + V = \frac{1}{2}m(R^2\dot{\varphi}^2 + \dot{z}^2) + \frac{1}{2}k(R^2 + z^2)$$
$$= \frac{p_\varphi^2}{2mR^2} + \frac{p_z^2}{2m} + \frac{1}{2}k(R^2 + z^2) \tag{c}$$

质点运动的正则方程为

$$\dot{\varphi} = \frac{p_\varphi}{mR^2} \quad \dot{p}_\varphi = -\frac{\partial H}{\partial \varphi} = 0$$
$$\dot{z} = \frac{p_z}{m} \quad \dot{p}_z = -\frac{\partial H}{\partial z} = -kz \tag{d}$$

由于 $p_z = m\dot{z}$,以及 $\dot{p}_z = -kz$,因此有

$$m\ddot{z} + kz = 0 \tag{e}$$

所以,质点在 z 方向上是作简谐振动。

因为,H 中不显含 φ,因此 φ 是循环坐标,对应的循环积分为

$$p_\varphi = \frac{\partial L}{\partial \dot{\varphi}} = mR^2\dot{\varphi} = C_\varphi (C_\varphi \text{ 为常数}) \tag{f}$$

又因为,H 中不显含 t,因此有能量积分 $H = C$。

4.3　相空间和刘维尔定理

4.3.1　相空间概念

在第 1 章中介绍了 n 个广义位移,定义了一个 n 维的位形空间,其中的每个点表示质点系的一个位形,即描述了各个质点的位置状态。但是位形空间并不能反映系统的速度或动量等(运动)状态。例如:位形空间的一个点,理论上可以有无穷多个速度状态,即无穷多个运动轨迹可以通过该点。下面以一维的质量-弹簧振子

为例引入相空间的概念。质量-弹簧振子的运动方程可以写为

$$m\ddot{x} + kx = 0 \tag{4.23}$$

其中，m 为振子的质量，k 为振子弹簧的弹性系数。则方程(4.23)的解可以写为

$$\begin{aligned} x(t) &= A\sin(\omega_0 t + \varphi) \\ \dot{x}(t) &= A\omega_0\cos(\omega_0 t + \varphi) \end{aligned} \tag{4.24}$$

其中，ω_0 为振子的固有频率，A 和 φ 分别为振子的振动幅值和相位，其由初始条件决定。

可以看出，振子的运动状态完全由时间 t 的函数：位移 $x(t)$ 和速度 $\dot{x}(t)$ 决定，这是因为运动微分方程是二阶的。如果把位移和速度作为独立变量，则可以构成一个二维的空间，称为**相空间**。在该相空间(二维相平面)中的一个点 $P(x(t),\dot{x}(t))$ 表示时间 t 振子的运动状态，位置和速度。随着时间变化，状态点将在相平面内走出一条路径，称为**相轨迹**。对于不同初值，振子的运动将在相平面内走出不同的相轨迹。由此，可以避免出现在位形空间中不同初值的振子运动会经过同一点(如平衡位置)，而在该点振子的不同运动却具有不同的速度的现象，这样也克服了位形空间中不便于分析系统运动的缺点。

由式(4.24)中消去时间 t 可以得到

$$\frac{x^2}{A^2} + \frac{\dot{x}^2}{A^2\omega_0^2} = 1 \tag{4.25}$$

上述方程表示一簇椭圆族，其由初值决定(见图 4.4)。设振子的总能量为 E，其为

$$E = \frac{1}{2}kA^2,\ \omega_0^2 = \frac{k}{m} \tag{4.26}$$

所以椭圆方程(4.25)可以改写为

$$\frac{x^2}{2E/k} + \frac{\dot{x}^2}{2E/m} = 1 \tag{4.27}$$

由于振子系统是保守系统，图 4.4 中的每一根椭圆曲线都对应于一个给定的总能量。另外，这些相轨迹上的点随时间变化均是沿顺时针运动，这是因为在 $x>0$ 时，速度总是减小的，而在 $x<0$ 时，速度总是增加的。由微分方程解的唯一性可以知道：对应于不同初始能量的相轨迹是不相交的。

下面介绍一般情形下的相空间概念。哈密顿正则方程采用 n 个广义坐标和 n 个广义动量作为独立的变量，且两类变量具有等同地位。前面讨论已经知道：n 个广义坐标可以定义一个 n 维的位形空间，其中的每个点给出系统所有质点的位置信息。类似地，n 个广义动量也可以定义一个 n 维的空间，但其只能描述系统中所有质点的动量信息。而在采用 n 个广义坐标和 n 个广义动量作为独立的变量定义的 $2n$ 维的空间中，既可以描述系统的位形，也可以描述系统质点的动量(运动)，同

时也增加了分析系统动力学的灵活性。为此,将由广义坐标和广义动量构成的 $2n$ 维的空间称为**哈密顿相空间**,简称**相空间**。

相空间中的一个点给出系统的一个**状态**。而对应于系统随时间的演化,在相空间中对应的点会形成一条**相轨迹**。图 4.4 给出了质量-弹簧振子系统从不同初始状态出发随时间演化的相轨迹,此类图亦称为**相图**。而对应于例 4.3 的相图就稍微复杂些,因为其对应的相空间是由 φ,p_φ,z,p_z 构成的四维空间。由于 p_φ 为常量在此可省略讨论,在由 φ,z,p_z 构成的三维空间中,质点 z 方向上的运动为简谐运动,因此相轨迹在 $z-p_z$ 平面的投影为一个椭圆。又由于 $\dot{\varphi}$=const.,相轨迹沿 φ 轴匀速增加,所以,对于给定 H=const. 相轨迹为均匀的椭圆螺旋线,如图 4.5 所示。

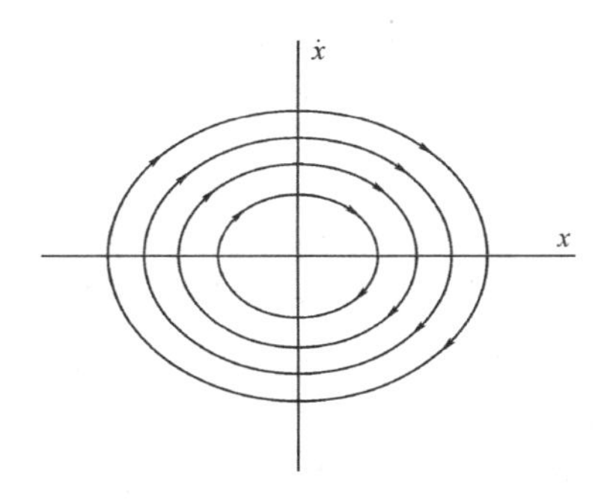

图 4.4　质量-弹簧振子在相平面内的相轨迹

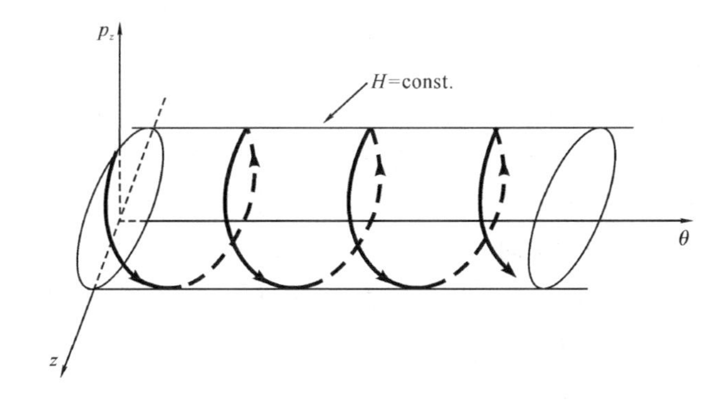

图 4.5　圆柱内受有势力作用质点的相轨迹

类似于对质点物理坐标的排序和标记方法,可以将 n 个广义坐标记为:$(q_1,q_2,\cdots,q_n)=(x_1,x_2,\cdots,x_n)$,而将 n 个广义动量记为:$(p_1,p_2,\cdots,p_n)=(x_{n+1},x_{n+2},\cdots,x_{2n})$,最后,将相空间的 $2n$ 个正则坐标记为

$$\boldsymbol{x} = (x_1, x_2, \cdots, x_n, x_{n+1}, x_{n+2}, \cdots, x_{2n})$$

此时,哈密顿函数可以写为

$$H = H(x_1, x_2, \cdots, x_n, x_{n+1}, x_{n+2}, \cdots, x_{2n}, t)$$

则正则方程可以简写为

$$\dot{\boldsymbol{x}} = \boldsymbol{F}(\boldsymbol{x}, t) \tag{4.28}$$

其中,向量函数 $\boldsymbol{F}=(F_1, F_2, \cdots, F_{2n})$ 称为**相速度**,定义了相空间中的速度场,其每个分量代表了相空间中各点处的相速度的分量。

若(4.28)右端不显含时间,则称该系统是**自治系统**,其相空间中的速度场只是各点坐标的函数而不随时间变化。相反,若(4.28)右端显含时间,则称该系统是**非自治系统**,其相空间中的速度场不仅随各点坐标变化,同时也随时间变化。

理论上,在某个时间 $t=t_0$ 为初始时刻,对相空间中任意一点 $\boldsymbol{x}^0=(x_1^0, x_2^0, \cdots, x_{2n}^0)$ 可以解出

$$x_i = \varphi_i(t, x_1^0, x_2^0, \cdots, x_{2n}^0), \quad i = 1, 2, \cdots, 2n \tag{4.29}$$

对于给定初始点,式(4.29)代表相空间中的一条相轨迹。而对于由相空间中容许区域内所有点为初值点的集合,此时式(4.29)则代表了相空间中的(一簇)流,其给出了系统所有可能的运动。对于其中的一个给定初值点,其随时间演化的相轨迹,可以看做流中的一条流线。而方程(4.28)定义的速度场在每条流线上的任意点处均与其相切。

由上面的讨论可知:对于自治系统,由于(相)速度场只是各点坐标的函数,因此,相空间中的某个点只可能在唯一的一条线轨迹上。也就是说,相轨迹是不能相交的。但对于非自治系统,在相空间中两条相轨迹有可能相交,因为,两条相轨迹在不同的时刻可能经过相空间中的同一点。若把时间轴也考虑进来,构成所谓的**扩展相空间**,则在该空间内,相轨迹也是不相交的。

对于保守系统,哈密顿函数有运动积分且等于常量。此时,对于给定的初始值,哈密顿函数实际上在相空间中定义了一个曲面,而所有从该曲面上点为初值点的相轨迹将会一直驻留在该曲面上。因此,哈密顿函数取不同常值在相空间中所定义的能级曲面定性地给出了系统动力学的几何特征。

4.3.2 刘维尔定理

从上面的讨论可知:理论上,只要给出系统在特定时刻相空间内的初值点,就可以得到一条相应的相轨迹,其对应于系统的运动方程的解。但是,对于有些复杂系统,一方面是质点的数目极大,如气体。另一方面,也很难,甚至根本无法准确地获得系统的运动状态,即:无法确定哪个时刻相空间中哪一个点能真实代表系统的

运动状态。针对这类问题，需要发展从统计观点出发的研究方法，而哈密顿力学奠定了研究这类动力学问题的理论基础。

现在来讨论具有极大数目的复杂质点系，如气体分子。因为无法确定特定分子的运动状态，所以也无从给出相空间中正确代表系统的状态的特定点。为此，将采用分析相空间中一簇点的方法，即讨论数目很大的可能等效系统。此时，相空间中所研究的一簇点中的每个点均代表一个可能等效系统，而其运动代表系统的一个运动。假设在相空间中选取了足够数量的点，使得可以定义一个**相密度 $\boldsymbol{\rho}$**。则在相空间中给定微体积 $\mathrm{d}v$ 内代表系统的相点数目 N 为

$$N = \rho \mathrm{d}v = \rho \mathrm{d}q_1 \mathrm{d}q_2 \cdots \mathrm{d}q_n \mathrm{d}p_1 \cdots \mathrm{d}p_n \tag{4.30}$$

其中，n 代表每个系统的自由度。而对于给定的 j，在 $q_j - p_j$ 平面内单位时间内在面积 $\mathrm{d}q_j \mathrm{d}p_j$ 内总增加的密度为

$$\frac{\partial \rho}{\partial t}\mathrm{d}q_j \mathrm{d}p_j = -\left(\frac{\partial}{\partial q_j}(\rho \dot{q}_j) + \frac{\partial}{\partial p_j}(\rho \dot{p}_j)\right)\mathrm{d}q_j \mathrm{d}p_j \tag{4.31}$$

将所有可能的 n 相加，可以得到

$$\frac{\partial \rho}{\partial t} + \sum_{j=1}^{n}\left(\frac{\partial \rho}{\partial q_j}\dot{q}_j + \rho\frac{\partial \dot{q}_j}{\partial q_j} + \frac{\partial \rho}{\partial p_j}\dot{p}_j + \rho\frac{\partial \dot{p}_j}{\partial p_j}\right) = 0 \tag{4.32}$$

如果哈密顿函数的二阶偏导数不为零，则由哈密顿正则方程(4.8)可知

$$\frac{\partial \dot{q}_j}{\partial q_j} + \frac{\partial \dot{p}_j}{\partial p_j} = \frac{\partial H}{\partial q_j \partial p_j} - \frac{\partial H}{\partial p_j \partial q_j} = 0 \tag{4.33}$$

上式表明，相体积的散度为零，即 $\mathrm{div}(V)=0$。由此(4.32)变为

$$\frac{\partial \rho}{\partial t} + \sum_{j=1}^{n}\left(\frac{\partial \rho}{\partial q_j}\frac{\mathrm{d}q_j}{\mathrm{d}t} + \frac{\partial \rho}{\partial p_j}\frac{\mathrm{d}p_j}{\mathrm{d}t}\right) = 0 \tag{4.34}$$

式(4.34)的含义为相密度对时间的全导数为零，即

$$\frac{\mathrm{d}\rho}{\mathrm{d}t} = 0 \tag{4.35}$$

上式的结论就是刘维尔定理(Liouville's theorem)。刘维尔定理是经典统计力学与哈密顿力学中的关键定理，定理阐明：**相空间中相流的密度在运动中保持不变，是关于时间的常数。**该结论说明：相空间中任意体积的初值点在系统演化过程中总体积保持不变。另外，由方程(4.33)得到的相体积的散度为零给出了动力系统为哈密顿保守系统的必要条件。

该结论只在相空间中成立，而在位形空间中无对等的定理。因此，是哈密顿系统独有的性质，也只有在哈密顿力学的框架下可以发展出讨论巨量质点复杂运动的统计力学。

习 题

4.1 地球-卫星系统可简化为如下力学模型:在某个平面上,质量为 m 的质点,受到大小为 k/r^2 的指向固定点 O 的引力。k 为常数,r 为质点 m 到 O 的距离。试求系统的哈密顿正则方程及首次积分。

4.2 两个质量分别为 m_1 和 m_2 的质点 A,B 由刚度系数为 k 的弹簧连接,可沿半径为 r 的竖直固定圆环无摩擦滑动,如题 4.2 图所示。已知弹簧原长为 r,试列写系统的哈密顿正则方程,并写出其首次积分。

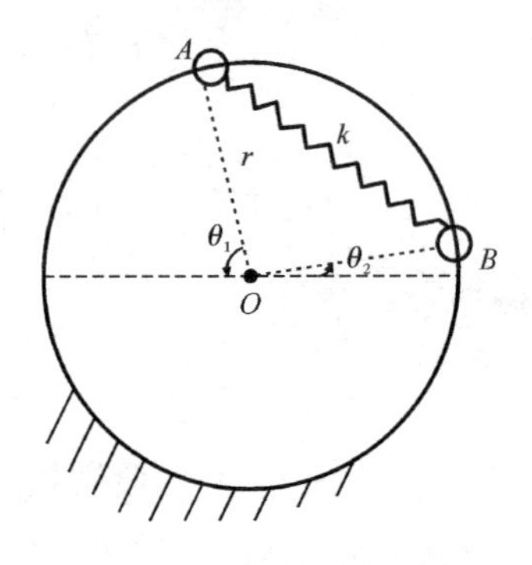

题 4.2 图

4.3 如题 4.3 图所示用绳索联系的二均质圆柱 A 和 B,质量和半径分别为 m_1,m_2 和 R_1,R_2,圆柱 A 可绕定轴 O 转动,圆柱 B 带动质量为 m_3 的滑块 C 自由下落。以二圆柱的转角 φ_1,φ_2 为广义坐标,试列写哈密顿正则方程,并写出其首次积分。

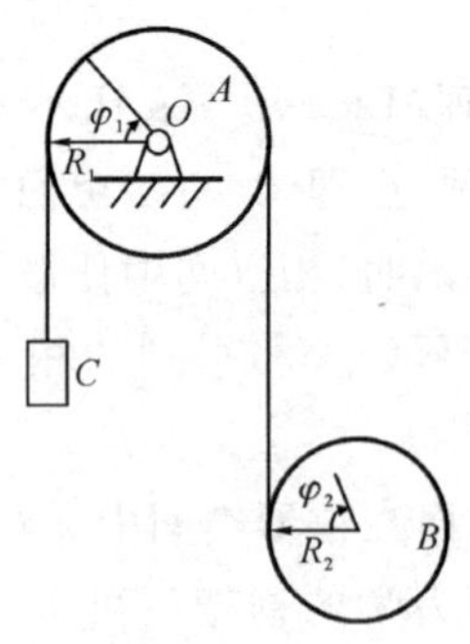

题 4.3 图

4.4　半径为 r，质量为 m 的均质圆盘从倾斜角为 α，质量为 M 的三角块上无滑动滚下，如题 4.4 图所示，三角块与地面光滑接触。试列写哈密顿正则方程，并写出其首次积分。

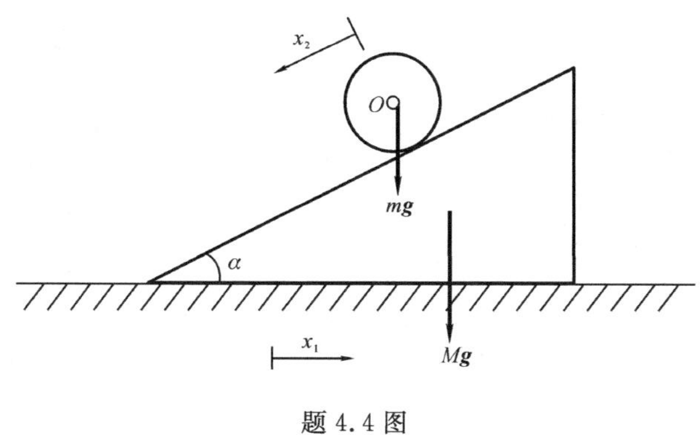

题 4.4 图

4.5　铰接的二直杆组成倒置的双复摆，如题 4.5 图所示，在铰 O，A 处分别装有刚度系数为 k_1，k_2 的扭簧，二杆的质量和长度分别为 m_1，m_2 和 l_1，l_2，二杆相对垂直轴的偏角为 φ_1，φ_2，试写出其首次积分。

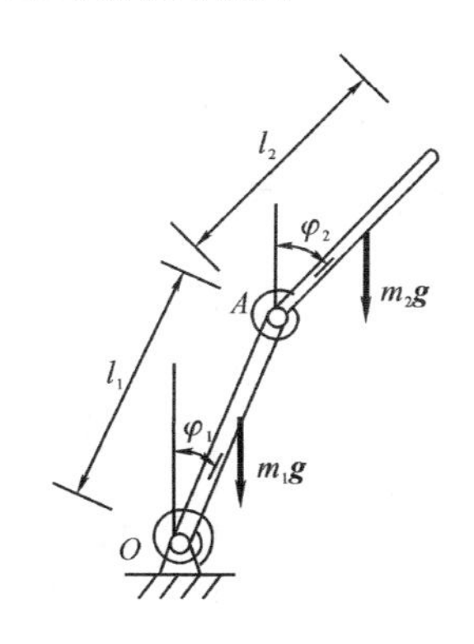

题 4.5 图

4.6　滑轮的质量为 m_1，且均匀分布于半径为 R 的轮缘上；在滑轮上跨过一不可伸长的绳子，绳子的一端悬挂一质量为 m_2 的物体 A，另一端固结在铅垂的弹簧上，如题 4.6 图所示。弹簧刚度系数为 k，若绳与滑轮之间无相对滑动，绳的质量及轴承的摩擦不计。试列写哈密顿正则方程，并写出其首次积分。

4.7　已知两个质量为 m 和 $2m$ 的质量块分别挂在滑轮的两端（如题 4.7 图所示），两个弹簧的弹性系数分别为 k_1 和 k_2，滑轮的质量为 M，极惯性矩为 J。请列出系统的正则方程,并分析系统的第一积分。

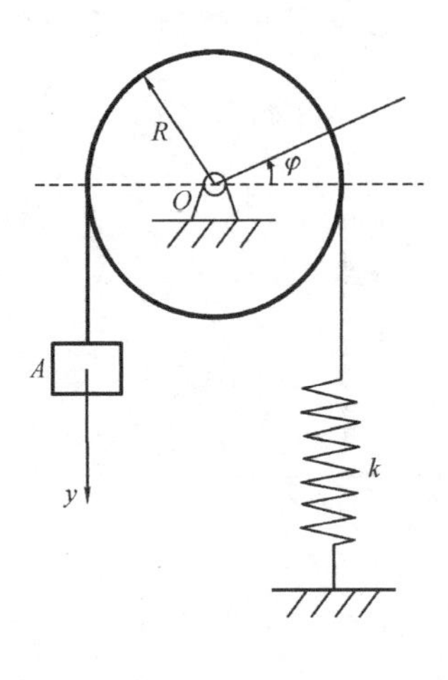

题 4.6 图

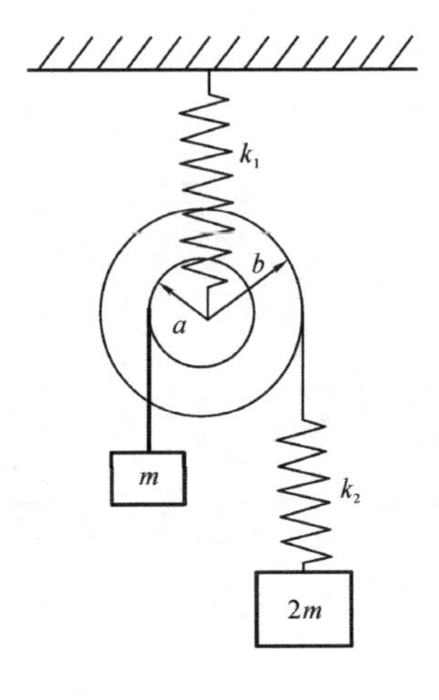

题 4.7 图

4.8 如题 4.8 图所示,质量为 m 的小环沿质量为 m、半径为 R 的光滑大圆环滑动,大圆环可绕其铅垂轴转动,试列写系统的哈密顿函数,并写出正则方程。

4.9 如题 4.9 图所示,管子以匀角速度 ω 绕铅直轴转动,质量均为 m 的两个相同的小球之间用刚度系数为 k 的弹簧联结,可沿管子滑动。记弹簧原长为 l_0,忽略摩擦,试写出系统的哈密顿函数,建立两个小球的相对运动的运动微分方程。

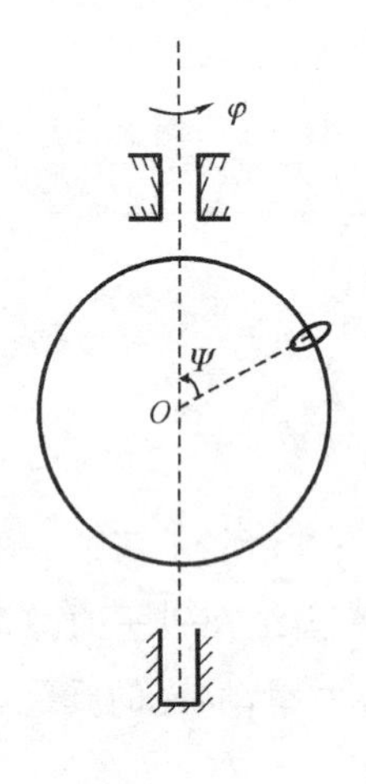

题 4.8 图

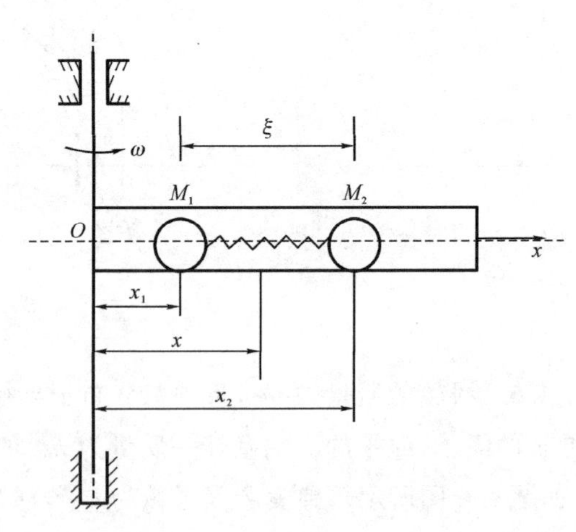

题 4.9 图

4.10　三原子分子线性模型可以简化为光滑水平杆上用两根刚度为 k_1，k_2 的弹簧连接着的质量为 m_1，m_2，m_3 的三个小球 A，B，C。试写出是系统的哈密顿函数，并建立正则方程。

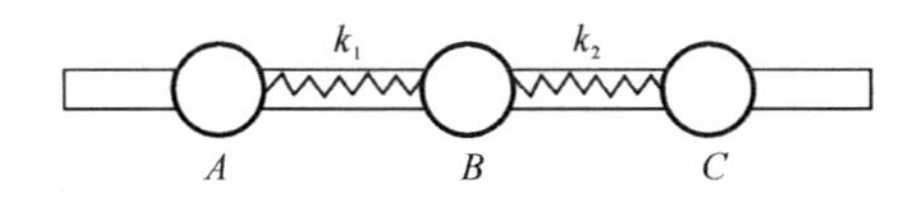

题 4.10 图

第 5 章　力学的变分原理

变分方法最早的发展可以追溯到 1696 年伯努利研究著名的最速降线问题，随后经过欧拉和拉格朗日的工作而逐步形成为数学分析的一个分支。与微分运算在函数的极值问题起着类似的作用，变分运算主要用于求解泛函的极值问题。虽然变分法开始时多用于分析几何问题，如：等周长所围面积最小的几何形状等，人们随后致力于发展以极值条件表示的物理准则，用以反映客观的物理定律，并称之为变分原理。

力学的变分原理是一种在给定主动力和约束条件下，将真实运动从所有可能运动中区分出来的判定准则。力学变分原理具有与前面介绍的力学基本原理不同的表达形式，但具有同样的公理作用，是对客观世界机械运动规律的高度抽象。另外，力学变分原理也提供了一种不需要通过微分方程而直接求解系统运动规律的有效近似计算方法。在经典力学中曾有过各种变分原理，不同变分原理的特点主要体现在选择哪些运动作为可能运动，以及建立哪种准则来甄别真实运动。力学变分原理可分为微分和积分两种类型。前者以高斯最小拘束原理为代表，其准则表现为由运动参数的瞬时值所构成的某个函数的极值问题。后者以哈密顿原理为代表，其准则表现为某个时间间隔内由运动所确定的某个泛函的极值问题。本章将在简单介绍变分法的基本概念和原理后，着重介绍目前使用最为广泛的哈密顿原理的相关内容。

5.1　变分法基础

变分运算在泛函极值分析中起着微分运算在函数极值分析中相同的角色。泛函通俗地讲就是函数的函数，其定义域是一个函数集，而值域是实数集或其中的一个子集。也可以说，泛函是从函数空间到数域的映射。泛函定义域内的函数为容许函数，而容许函数中的任意一个称为泛函的**变量函数**。以最常见的定积分表示的泛函为例

$$I[y(t)] = \int_{t_1}^{t_2} F(t, y, \dot{y})\mathrm{d}t \tag{5.1}$$

其中，以 t 为自变量的函数 $y(t)$ 为泛函 $I[y(t)]$ 的**变量函数**，且有 $y(t_1)=y_1$，$y(t_2)=y_2$。而满足上述边值条件及连续可导条件的全部变量函数 $y(t)$ 的集合称为**容许**

函数。本节将只对与力学变分原理相关的变分法基础知识做介绍。

5.1.1　变分定义及算子

求解(5.1)中泛函 $I[y(t)]$的极值问题，通常称为**变分问题**。假设当变量函数取 $\bar{y}(t)$时，泛函(5.1)取极值，称 $\bar{y}(t)$为极值函数。设另一个容许函数 $y(t)$偏离 $\bar{y}(t)$但充分靠近该函数 $\bar{y}(t)$(如图 5.1 所示)，则函数 $y(t)$可以表示为

$$y(t,\varepsilon) = \bar{y}(t) + \varepsilon\eta(t) \tag{5.2}$$

其中，ε 为任意小的参数，函数 $\eta(t)$可导且满足 $\eta(t_1)=\eta(t_2)=0$。

对于极值函数 $\bar{y}(t)$的无限小变化记为 δy。由式(5.2)可得

$$\delta y = y(t,\varepsilon) - \bar{y}(t) = \varepsilon\eta(t) \tag{5.3}$$

式(5.3)定义了函数 $y(t)$在给定时刻的**变分**。

若将式(5.3)展开为关于 ε 的泰勒级数，同时只保留 ε 的一次项，可得

$$\delta y = \left.\frac{\mathrm{d}y}{\mathrm{d}\varepsilon}\right|_{\varepsilon=0}\varepsilon \tag{5.4}$$

式(5.4)又给出了一种关于函数 $y(t)$变分的定义。该定义表明：可以通过对扰动函数中的参数 ε 求导得到变分，且求导运算的所有规则均可以应用。

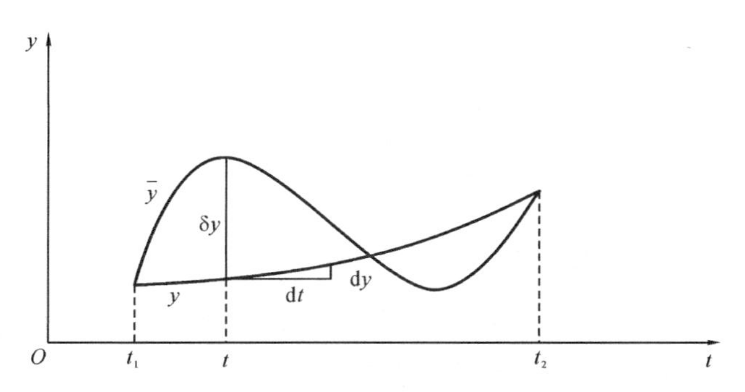

图 5.1　函数的微分与等时变分

由上述定义还可以看出：时间 t 不参与变分运算，因此，δy 也称为**等时变分**，即：$\delta t\equiv 0$。

在变分中采用等时变分，即把时间看作是固定的。显然这样的过程是假想的，正如在第 1 章中定义的虚位移。基于等时变分，不难推出：**变分运算与微分运算的顺序是可以互换的**。

具体证明步骤如下

因为　$\dfrac{\mathrm{d}}{\mathrm{d}t}(\delta y)=\dfrac{\mathrm{d}}{\mathrm{d}t}(\varepsilon\eta)=\varepsilon\dot{\eta}$，且 $\delta\dfrac{\mathrm{d}y}{\mathrm{d}t}=\delta\dot{y}=\dot{y}-\dot{\bar{y}}=\varepsilon\dot{\eta}$

所以有

$$\frac{\mathrm{d}}{\mathrm{d}t}(\delta y)=\delta\frac{\mathrm{d}y}{\mathrm{d}t} \tag{5.5}$$

同理,可以推导出:变分运算与积分运算的顺序也是可以互换的。比如:对于积分型泛函(5.1),根据变分的定义,其变分可以写做

$$\delta I=\delta\int_{t_1}^{t_2}F(t,y,\dot{y})\mathrm{d}t=\int_{t_1}^{t_2}F(t,y,\dot{y})\mathrm{d}t-\int_{t_1}^{t_2}F(t,\bar{y},\dot{\bar{y}})\mathrm{d}t \tag{5.6}$$

将扰动的变量函数表达式(5.2)代入式(5.6),然后将被积函数 $F(t,y,\dot{y})$ 展开为关于任意小参数 ε 的泰勒级数,并保留 ε 的一阶量,可得

$$\delta I=\int_{t_1}^{t_2}\left[\frac{\partial F}{\partial y}\delta y+\frac{\partial F}{\partial\dot{y}}\delta\dot{y}\right]\mathrm{d}t \tag{5.7}$$

根据式(5.4),可以求得被积函数 $F(t,y,\dot{y})$ 的变分有如下形式

$$\begin{aligned}\delta F&=\left.\frac{\mathrm{d}F[t,y(\varepsilon),\dot{y}(\varepsilon)]}{\mathrm{d}\varepsilon}\right|_{\varepsilon=0}\varepsilon=\left.\frac{\mathrm{d}F(t,\bar{y}+\varepsilon\eta,\dot{\bar{y}}+\varepsilon\dot{\eta})}{\mathrm{d}\varepsilon}\right|_{\varepsilon=0}\varepsilon\\&=\left(\frac{\partial F}{\partial y}\eta+\frac{\partial F}{\partial\dot{y}}\dot{\eta}\right)\varepsilon=\left(\frac{\partial F}{\partial y}\varepsilon\eta+\frac{\partial F}{\partial\dot{y}}\varepsilon\dot{\eta}\right)\\&=\frac{\partial F}{\partial y}\delta y+\frac{\partial F}{\partial\dot{y}}\delta\dot{y}\end{aligned} \tag{5.8}$$

比较式(5.7)和式(5.8)可以容易得到

$$\delta\int_{t_1}^{t_2}F(t,y,\dot{y})\mathrm{d}t=\int_{t_1}^{t_2}\delta F(t,y,\dot{y})\mathrm{d}t \tag{5.9}$$

5.1.2 欧拉-拉格朗日方程

本小节将讨论如何确定泛函(5.1)的极值条件。不失一般性,假设容许函数中取 $\bar{y}(t)$ 为变量函数时,泛函 $I[y(t)]$ 的值取局部极小值。其表明:容许函数中对于变量函数 $\bar{y}(t)$ 任意微小扰动的变量函数 $y(t,\varepsilon)$(如式(5.2))所对应的泛函值必有

$$I[y(t,\varepsilon)]=I[\bar{y}(t)+\varepsilon\eta(t)]\geqslant I[\bar{y}(t)]$$

注意到:若给定函数 $\eta(t)$(但其可以任意选取),通过改变 ε 可以得到容许函数的一个子空间 $\{\bar{y}(t)+\varepsilon\eta(t)\}$。取该子空间的函数为变量函数,其泛函 $I[y(t,\varepsilon)]$ 的值在局部极小值 $I[\bar{y}(t)]$ 的附近波动,且只依赖于 ε 变化。因此,可将其泛函写为

$$I[\varepsilon]=I[\bar{y}+\varepsilon\eta]=\int_{t_1}^{t_2}F(t,\bar{y}+\varepsilon\eta,\ \dot{\bar{y}}+\varepsilon\dot{\eta})\mathrm{d}t \tag{5.10}$$

式(5.10)表明:讨论泛函 $I[y(t)]$ 的极值问题现在已转化为讨论依赖一个变量函数 $I[\varepsilon]$ 的极值问题了。在讨论连续可导函数的极值时,首先要确定函数的驻值

点，即

$$\frac{\mathrm{d}}{\mathrm{d}\varepsilon}I[\varepsilon]\bigg|_{\varepsilon=0}=0$$

将式(5.10)代入上述公式，可以求得

$$\frac{\mathrm{d}}{\mathrm{d}\varepsilon}I[\bar{y}+\varepsilon\eta]=\int_{t_1}^{t_2}\left[\frac{\partial F}{\partial y}\eta+\frac{\partial F}{\partial \dot{y}}\dot{\eta}\right]\mathrm{d}t=0$$

对上式采用分部积分，可以化简为如下形式

$$\frac{\partial F}{\partial \dot{y}}\eta\bigg|_{t_1}^{t_2}+\int_{t_1}^{t_2}\left[\frac{\partial F}{\partial y}-\frac{\mathrm{d}}{\mathrm{d}t}\left(\frac{\partial F}{\partial \dot{y}}\right)\right]\eta\mathrm{d}t=0 \tag{5.11}$$

由于 $\eta(t)$ 的任意性，以及 $\eta(t_1)=\eta(t_2)=0$，由式(5.11)可以得到函数 $I[\varepsilon]$，亦即泛函 $I[y(t)]$ 取驻值的条件为

$$\frac{\partial F}{\partial y}-\frac{\mathrm{d}}{\mathrm{d}t}\left(\frac{\partial F}{\partial \dot{y}}\right)=0 \tag{5.12}$$

方程(5.12)称为**欧拉-拉格朗日方程**。其为自变量为 t，关于函数 $y(t)$ 的二阶常微分方程。

若将式(5.11)两端同乘 ε，同时注意到关于函数 $y(t)$ 的变分定义(式(5.3))，有

$$\frac{\partial F}{\partial \dot{y}}\delta y\bigg|_{t_1}^{t_2}+\int_{t_1}^{t_2}\left[\frac{\partial F}{\partial y}-\frac{\mathrm{d}}{\mathrm{d}t}\left(\frac{\partial F}{\partial \dot{y}}\right)\right]\delta y\mathrm{d}t=0 \tag{5.13}$$

由于在两个端点处 $\delta y(t_1)=\varepsilon\eta(t_1)=0$，$\delta y(t_2)=\varepsilon\eta(t_2)=0$，同时结合式(5.7)和(5.9)可知，泛函取驻值的条件为

$$\delta I=\int_{t_1}^{t_2}\delta F(t,y,\dot{y})\mathrm{d}t=0 \tag{5.14}$$

式(5.14)表明泛函取驻值的条件为：**泛函的变分等于零**。

泛函取驻值是泛函为极值的必要条件。因此，满足欧拉-拉格朗日方程的变量函数只保证泛函取驻值，是泛函取极值的必要条件。至于泛函是否取极大值或极小值，需要进一步判断。

5.1.3　多变量函数与多自变量的泛函

上一小节以单变量函数和单自变量的泛函为例，讨论了泛函的极值问题或变分问题。本小节将给出多变量函数和单自变量泛函，以及单变量函数和多自变量泛函的极值条件。

1. 多变量函数和单自变量泛函的极值条件

作为泛函式(5.1)的推广，下面将讨论唯一自变量但多变量函数的泛函，即

$$I[\mathbf{y}(t)]=\int_{t_1}^{t_2}F(t,\mathbf{y},\dot{\mathbf{y}})\mathrm{d}t \tag{5.15}$$

其中,变量函数矢量由 n 个函数构成 $\mathbf{y}=(y_1,y_2,\cdots,y_n)^{\mathrm{T}}$。类比于式(5.14)的推导,可以得到泛函(5.15)取驻值的条件为

$$\delta I=\int_{t_1}^{t_2}\left\{\sum_{i=1}^{n}\left[\frac{\partial F}{\partial y_i}-\frac{\mathrm{d}}{\mathrm{d}t}\left(\frac{\partial F}{\partial \dot{y}_i}\right)\right]\delta y_i\right\}\mathrm{d}t=0 \tag{5.16}$$

由于变量函数 y_i, $i=1,2,\cdots,n$ 各自独立的变化,亦即其变分相互是独立的,因此有

$$\frac{\partial F}{\partial y_i}-\frac{\mathrm{d}}{\mathrm{d}t}\left(\frac{\partial F}{\partial \dot{y}_i}\right)=0,\quad i=1,2,\cdots,n \tag{5.17}$$

方程(5.17)包含有 n 个相互耦合的二阶微分方程,亦称为**欧拉-拉格朗日方程**。

2. 单变量函数和多自变量泛函的极值条件

作为泛函(5.1)的推广,下面将讨论多自变量但唯一变量函数的泛函。为了讲述方便,在此将以两个自变量 t 和 x 的情形为例,即

$$I[y(t,x)]=\int_{x_1}^{x_2}\int_{t_1}^{t_2}F(t,x,y,y',\dot{y})\mathrm{d}t\mathrm{d}x \tag{5.18}$$

则类似于前面推导泛函极值的必要条件的步骤,可得

$$\frac{\partial F}{\partial y}-\frac{\partial}{\partial t}\left(\frac{\partial F}{\partial \dot{y}}\right)-\frac{\partial}{\partial x}\left(\frac{\partial F}{\partial y'}\right)=0$$

其中

$$y'=\frac{\partial F}{\partial x} \tag{5.19}$$

方程(5.19)仍为**欧拉-拉格朗日方程**,其为关于自变量 t 和 x 的二阶偏微分方程。

例 5.1　给出下列泛函取驻值的欧拉-拉格朗日方程的形式

$$I[y(t,x)]=\int_{x_1}^{x_2}\int_{t_1}^{t_2}\left[\left(\frac{\partial y}{\partial t}\right)^2+\left(\frac{\partial y}{\partial x}\right)^2+2yf(t,x)\right]\mathrm{d}t\mathrm{d}x$$

解　利用式(5.19)给出的两个自变量泛函的欧拉-拉格朗日方程,可得

$$\frac{\partial^2 y}{\partial t^2}+\frac{\partial^2 y}{\partial x^2}=f(t,x)$$

基于以上讨论的两种情形,不难推导出更一般情形下,即:多自变量和多变量函数的积分型泛函取驻值的欧拉-拉格朗日方程,本书将不作进一步的讨论。另外,对于含有约束条件的变分问题,可以参照 3.4 节引入拉格朗日待定乘子的方法进行分析,读者可以参考变分法的专门书籍。

5.2　哈密顿原理

哈密顿原理是目前使用最为广泛的力学变分原理，为积分型变分原理。其给出在时间间隔$[t_1,t_2]$内，从满足约束条件的系统一切可能运动中，甄别出同时还满足动力学方程和初始条件的真实运动的准则。

为便于理解，以n个广义坐标q_j，$j=1,2,\cdots,n$和时间t为变量，建立抽象的$n+1$维正交欧氏空间，称为**事件空间**(见图5.2)。设在初始时刻t_1，位形为$q_j(t_1)$，$j=1,2,\cdots,n$，其对应于事件空间中的点A，终止时刻t_2，位形为$q_j(t_2)$，$j=1,2,\cdots,n$，其对应于事件空间中的点B，则系统的真实运动过程对应于事件空间中自点A至点B的一条连续超曲线，称为**实路径**。系统的可能运动过程对应于点A至点B间实路径附近(包括实路径在内)的一簇连续超曲线，称为**可能路径**。

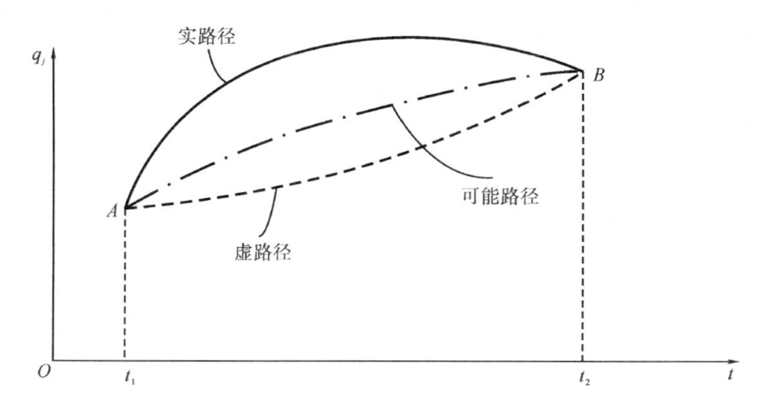

图5.2　实路径、可能路径与虚路径

下面由动力学普遍方程出发推导哈密顿原理，为此，先将动力学普遍方程(2.17)的第二项作如下变化

$$m_i\ddot{\boldsymbol{r}}_i\cdot\delta\boldsymbol{r}_i=\frac{\mathrm{d}}{\mathrm{d}t}(m_i\dot{\boldsymbol{r}}_i\cdot\delta\boldsymbol{r}_i)-m_i\dot{\boldsymbol{r}}_i\cdot\frac{\mathrm{d}}{\mathrm{d}t}(\delta\boldsymbol{r}_i)\tag{5.20}$$

已证明：对任意可微函数的等时变分和微分的顺序可以互换，即有

$$\frac{\mathrm{d}}{\mathrm{d}t}(\delta\boldsymbol{r}_i)=\delta\dot{\boldsymbol{r}}_i\tag{5.21}$$

代入式(5.20)后化为

$$m_i\ddot{\boldsymbol{r}}_i\cdot\delta r_i=\frac{\mathrm{d}}{\mathrm{d}t}(m_i\dot{\boldsymbol{r}}_i\cdot\delta\boldsymbol{r}_i)-\delta\left(\frac{1}{2}m_i\dot{\boldsymbol{r}}_i\cdot\dot{\boldsymbol{r}}_i\right)\tag{5.22}$$

代入动力学普遍方程(2.17),得到

$$\delta\sum_{i=1}^{N}\frac{1}{2}m_i\dot{\boldsymbol{r}}_i\cdot\dot{\boldsymbol{r}}_i+\sum_{i=1}^{N}\boldsymbol{F}_i\cdot\delta\boldsymbol{r}_i=\frac{\mathrm{d}}{\mathrm{d}t}\sum_{i=1}^{N}m_i\dot{\boldsymbol{r}}_i\cdot\delta\boldsymbol{r}_i \tag{5.23}$$

上式左边第一项为系统动能 T 的变分,第二项为主动力的虚功,记做 δW。将上式各项在$[t_1,t_2]$间隔内对时间 t 积分,得到

$$\int_{t_1}^{t_2}(\delta T+\delta W)\mathrm{d}t=\Big[\sum_{i=1}^{N}(m_i\dot{\boldsymbol{r}}_i\cdot\delta\boldsymbol{r}_i)\Big]_{t_1}^{t_2} \tag{5.24}$$

若规定在 t_1 和 t_2 的起止时刻的虚位移为零。则上式右边为零,导出

$$\int_{t_1}^{t_2}(\delta T+\delta W)\mathrm{d}t=0 \tag{5.25}$$

此结论称为普遍意义下的**哈密顿原理:对于真实运动,系统动能的变分 δT 和所有主动力的虚功 δW 之和在任意时间间隔内对时间的积分等于零。**

若将主动力的元功可分为两部分:$\delta W=\delta W_p+\delta\overline{W}$,其中,有势力的元功写为 $\delta W_p=-\delta V$,非有势力的元功写为 $\delta\overline{W}$,则式(5.25)可改写为

$$\int_{t_1}^{t_2}(\delta L+\delta\overline{W})\mathrm{d}t=0 \tag{5.26}$$

对于完整有势力系统的特殊情形,哈密顿原理可以化为哈密顿作用量 S 的变分为零的形式。哈密顿作用量定义为

$$S=\int_{t_1}^{t_2}L\mathrm{d}t \tag{5.27}$$

在此情形下,式(5.26)中的 $\delta\overline{W}=0$,利用变分号与积分号可以互换的结论,可以得到完整有势力作用下保守系统的哈密顿原理

$$\delta S=\delta\int_{t_1}^{t_2}L\mathrm{d}t=\int_{t_1}^{t_2}\delta L\mathrm{d}t=0 \tag{5.28}$$

该原理为变分原理,其表明:**完整有势系统在任意时间间隔内的真实运动与同一时间内具有同一起止位形的可能运动相比较,真实运动的哈密顿作用量取驻值。**

在下一节的讨论中可以看出:哈密顿原理可以推导出第二类拉格朗日方程和哈密顿正则方程,即:其发挥着动力学基本原理的作用。前两类动力学方程主要是从处理离散的多自由度系统出发的,而哈密顿原理既可以方便地处理离散多自由度系统问题,也可方便处理具有无穷自由度的连续体问题。下面的例子对此加以说明和应用。

例 5.2 如图 5.3 所示,一根左端固定长为 l,截面积为 A 的等截面杆,杆的弹性模量为 E,杆单位长度的质量密度为 ρ,杆的右端通过弹性系数为 k 的弹簧和阻尼系数为 c 的阻尼器与一个水平运动的小球相连,小球的质量为 m。请运用哈密顿原理建立该系统的运动方程,并写出杆右端的力边界条件。

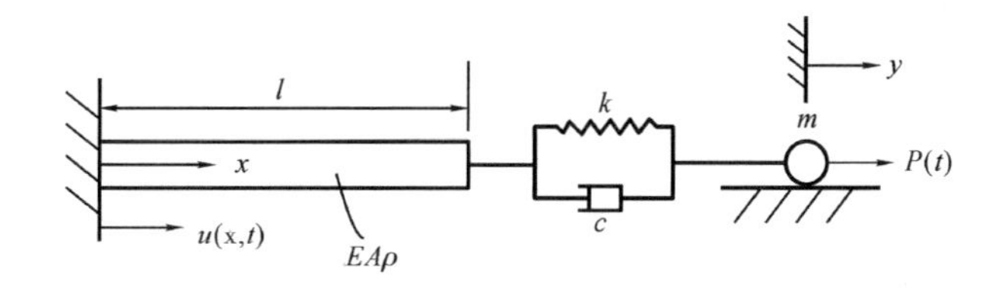

图 5.3　有一端固定等截面杆和小球构成的系统

解　如图 5.3 所示，建立杆和小球的坐标，x 坐标沿杆的长度，y 坐标确定小球位置。$u(x,t)$为杆沿长度方向的变形。

为了应用哈密顿原理，需要首先写出系统的动能、势能和外力做的虚功。

杆的动能为

$$T_{\mathrm{g}} = \int_0^l \frac{1}{2}\rho u_t^2 \mathrm{d}x$$

小球的动能为

$$T_{\mathrm{q}} = \frac{1}{2}m y_t^2$$

杆的(弹性)势能为

$$V_{\mathrm{g}} = \int_0^l \frac{1}{2}EA u_x^2 \mathrm{d}x$$

质点的(弹性)势能为

$$V_{\mathrm{q}} = \frac{1}{2}k\left[y - u(l)\right]^2$$

(主动)外力虚功为

$$\delta\overline{W} = -c\left[y_t - u_t(l)\right]\left[\delta y - \delta u(l)\right] + P(t)\delta y$$

将上述变量代入哈密顿原理(5.26)有

$$\int_{t_1}^{t_2}\delta(T - V)\mathrm{d}t + \int_{t_1}^{t_2}\delta\overline{W}\mathrm{d}t = 0$$

$$\int_{t_1}^{t_2}\delta\left\{\int_0^l \frac{1}{2}\rho u_t^2 \mathrm{d}x + \frac{1}{2}m y_t^2 - \int_0^l \frac{1}{2}EA u_x^2 \mathrm{d}x - \frac{1}{2}k\left[y - u(l)\right]^2\right\}\mathrm{d}t$$

$$+\int_{t_1}^{t_2}\left\{\left[P(t) - c y_t(t) + c u_t(l)\right]\delta y + c\left[y_t - u_t(l)\right]\delta u(l)\right\}\mathrm{d}t = 0$$

(＊)

下面逐项推导方程(*)中的各项：

$$\int_{t_1}^{t_2}\delta\int_0^l \frac{1}{2}\rho u_t^2 \mathrm{d}x\mathrm{d}t=\int_0^l\delta\int_{t_1}^{t_2}\frac{1}{2}\rho u_t^2\mathrm{d}t\mathrm{d}x=\int_0^l\int_{t_1}^{t_2}\rho u_t\delta u_t\mathrm{d}t\mathrm{d}x=\int_0^l\left[\rho u_t\delta u\Big|_{t_1}^{t_2}-\int_{t_1}^{t_2}\rho u_{tt}\delta u\mathrm{d}t\right]\mathrm{d}x$$

$$\int_{t_1}^{t_2}\delta\left(\frac{1}{2}my_t^2\right)\mathrm{d}t=\int_{t_1}^{t_2}my_t\delta y_t\mathrm{d}t=my_t\delta y\Big|_{t_1}^{t_2}-\int_{t_1}^{t_2}my_{tt}\delta y\mathrm{d}t$$

$$\int_{t_1}^{t_2}\delta\int_0^l\frac{1}{2}EAu_x^2\mathrm{d}x\mathrm{d}t=\int_{t_1}^{t_2}\int_0^l EAu_x\delta u_x\mathrm{d}x\mathrm{d}t=\int_{t_1}^{t_2}\left[EAu_x\delta u\Big|_0^l-\int_0^l EAu_{xx}\delta u\mathrm{d}x\right]\mathrm{d}t$$

$$\int_{t_1}^{t_2}\delta\left\{\frac{1}{2}k\,[y-u(l)]^2\right\}\mathrm{d}t=\int_{t_1}^{t_2}k[y-u(l)][\delta y-\delta u(l)]\mathrm{d}t$$

将起始时刻和终止时刻的变分条件，即 $\delta u(x,t_1)=\delta u(x,t_2)=0$ 以及 $\delta y(t_1)=\delta y(t_2)=0$，代入各项并化简，可以看到方程(*)变为如下形式

$$\int_{t_1}^{t_2}\int_0^l[-\rho u_{tt}+EAu_{xx}]\delta u\mathrm{d}x\mathrm{d}t+\int_{t_1}^{t_2}\{-k[y-u(l)]\delta y+k[y-u(l)]\delta u(l)-$$

$$EAu_x(l)\delta u(l)+EAu_x(0)\delta u(0)\}\mathrm{d}t+$$

$$\int_{t_1}^{t_2}\{-my_{tt}\delta y+[P(t)-cy_t+cu_t(l)]\delta y+c[y_t-u_t(l)]\delta u(l)\}\mathrm{d}t=0 \tag{**}$$

由于关于杆的变形的变分量：在杆内 $\delta u(x,t)$，$0<x<l$ 和在端点 $\delta u(0,t)$，$\delta u(l,t)$，以及小球位移的变分 $\delta y(t)$ 相互独立，因此，式(* *)可以得到以下四个等式

$$\int_{t_1}^{t_2}\int_0^l[-\rho u_{tt}+EAu_{xx}]\delta u\mathrm{d}x\mathrm{d}t=0 \tag{a}$$

$$\int_{t_1}^{t_2}\{-my_{tt}+P(t)-c[y_t(t)-u_t(l)]-k[y-u(l)]\}\delta y\mathrm{d}t=0 \tag{b}$$

$$\int_{t_1}^{t_2}[EAu_x(0)]\delta u(0)\mathrm{d}t=0 \tag{c}$$

$$\int_{t_1}^{t_2}\{k[y-u(l)]-EAu_x(l)+c[y_t-u_t(l)]\}\delta u(l)\mathrm{d}t=0 \tag{d}$$

杆的运动方程：由于 $\delta u(x,t)$ 是任意的，式(a)为零，必有

$$-\rho u_{tt}+EAu_{xx}=0$$

质点运动方程：类似的，由于是 δy 任意的，式(b)为零，必有

$$-my_{tt}+P(t)-c[y_t(t)-u_t(l)]-k[y-u(l)]=0$$

注意到边界条件：

当 $x=0$ 时，左端点固定有 $\delta u(0)=0$，因此，式(c)自然满足；

当 $x=l$ 时，右端点自由，即 $\delta u(l)$ 是任意的，式(d)可得

$$-EAu_x(l)+k[y-u(l)]+c[y_t-u_t(l)]=0$$

利用上式可求得杆端点处的内力

$$N(l,t)=EAu_x(l)=k[y(t)-u(l,t)]+c[y_t(t)-u_t(l,t)]$$

5.3　哈密顿原理与动力学方程

5.3.1　哈密顿原理与拉格朗日方程

基于哈密顿原理可以推导出第二类拉格朗日方程。对于完整系统，将哈密顿原理

(5.26)被积函数中，拉格朗日函数的变分展开，非有势力主动力所作的元功写为

$$\delta W_{np}=\sum_{j=1}^{k}Q_j\delta q_j$$

并带入(5.26)可得

$$\int_{t_1}^{t_2}\sum_{j=1}^{k}\left(\frac{\partial L}{\partial q_j}\delta q_j+\frac{\partial L}{\partial \dot{q}_j}\delta\dot{q}_j+Q_j\delta q_j\right)\mathrm{d}t=0 \tag{5.29}$$

对于上式被积函数的第二项，改变求导和变分的顺序可写为

$$\frac{\partial L}{\partial \dot{q}_j}\delta\dot{q}_j=\frac{\partial L}{\partial \dot{q}_j}\frac{\mathrm{d}}{\mathrm{d}t}(\delta q_j)=\frac{\mathrm{d}}{\mathrm{d}t}\left(\frac{\partial L}{\partial \dot{q}_j}\delta q_j\right)-\delta q_j\frac{\mathrm{d}}{\mathrm{d}t}\left(\frac{\partial L}{\partial \dot{q}_j}\right) \tag{5.30}$$

将式(5.30)代入式(5.29)，整理后得到

$$\int_{t_1}^{t_2}\sum_{j=1}^{k}\left[\frac{\partial L}{\partial q_j}-\frac{\mathrm{d}}{\mathrm{d}t}\left(\frac{\partial L}{\partial \dot{q}_j}\right)+Q_j\right]\delta q_j\,\mathrm{d}t+\int_{t_1}^{t_2}\sum_{j=1}^{k}\frac{\mathrm{d}}{\mathrm{d}t}\left(\frac{\partial L}{\partial \dot{q}_j}\delta q_j\right)\mathrm{d}t=0 \tag{5.31}$$

式(5.31)的第二项可积分出来，且由于 δq_j 在 t_1 和 t_2 时刻为零，即有

$$\int_{t_1}^{t_2}\sum_{j=1}^{k}\frac{\mathrm{d}}{\mathrm{d}t}\left(\frac{\partial L}{\partial \dot{q}_j}\delta q_j\right)\mathrm{d}t=\sum_{j=1}^{k}\frac{\partial L}{\partial \dot{q}_j}\delta q_j\bigg|_{t_1}^{t_2}=0 \tag{5.32}$$

因此(5.31)可化为如下形式

$$\int_{t_1}^{t_2}\sum_{j=1}^{k}\left[\frac{\partial L}{\partial q_j}-\frac{\mathrm{d}}{\mathrm{d}t}\left(\frac{\partial L}{\partial \dot{q}_j}\right)+Q_j\right]\delta q_j\,\mathrm{d}t=0 \tag{5.33}$$

由于积分区间可任意选取，上式只有在被积函数等于零时才成立。又由于 δq_j，$j=1,2,\cdots,k$ 为独立变分，上式成立的充分必要条件为

$$\frac{\mathrm{d}}{\mathrm{d}t}\left(\frac{\partial L}{\partial \dot{q}_j}\right)-\frac{\partial L}{\partial q_j}=Q_j\ j=1,2,\cdots,k \tag{5.34}$$

由此得到完整系统的第二类拉格郎日方程。

5.3.2 哈密顿原理与哈密顿正则方程

在第 4 章介绍的哈密顿正则方程也可以通过哈密顿原理推导出来。其具体步骤如下：对于完整有势力作用的系统，拉格朗日函数 L 可由式(4.6)给出

$$L=\sum_{j=1}^{k}p_j\dot{q}_j-H(q_j,p_j,t) \tag{5.35}$$

上一节介绍的完整有势力情形下的哈密顿原理可以表示为

$$\delta\int_{t_1}^{t_2}\left(\sum_{j=1}^{k}p_j\dot{q}_j-H\right)\mathrm{d}t=0 \tag{5.36}$$

交换积分与变分运算的顺序，可得

$$\int_{t_1}^{t_2}\sum_{j=1}^{k}\left(p_j\delta\dot{q}_j+\dot{q}_j\delta p_j-\frac{\partial H}{\partial q_j}\delta q_j-\frac{\partial H}{\partial p_j}\delta p_j\right)\mathrm{d}t=0 \tag{5.37}$$

式(5.37)中被积函数的第一项可以写做

$$p_j\delta\dot{q}_j=\frac{\mathrm{d}}{\mathrm{d}t}(p_j\delta q_j)-\dot{p}_j\delta q_j$$

代入式(5.36)后，可化为如下形式

$$\sum_{j=1}^{k}p_j\delta q_j\Big|_{t_1}^{t_2}+\int_{t_1}^{t_2}\sum_{j=1}^{k}\left[\left(\dot{q}_j-\frac{\partial H}{\partial p_j}\right)\delta p_j-\left(\dot{p}_j+\frac{\partial H}{\partial q_j}\right)\delta q_j\right]\mathrm{d}t=0 \tag{5.38}$$

由于在起止时刻 t_1 和 t_2 的虚位移为零，上式右边第一项为零。又由于 δq_j，δp_j，$j=1,2,\cdots,k$ 为相互独立的变分，因此可以导出式(4.10)表示的正则方程

$$\left.\begin{aligned}\dot{q}_j&=\frac{\partial H}{\partial p_j}\\ \dot{p}_j&=-\frac{\partial H}{\partial q_j}\end{aligned}\right\}\quad j=1,2,\cdots,k \tag{5.39}$$

5.4 基于变分问题的近似求解方法

哈密顿原理给出了判断真实运动的准则，其表现为确定泛函的极值条件。这样系统的真实运动就与求解泛函极值的变分问题相关联，由此发展出一种不需要通过运动微分方程而直接求解系统真实运动响应的近似解法——里茨(Ritz)法。

采用里茨法，通常把解表示为由一组**容许函数**（或形函数）乘以相应系数的和。根据求解的问题不同，近似解采用的形式不同。对于连续体的响应问题，容许函数可以取关于空间坐标且满足几何边界条件的函数，而系数为与时间相关的广义坐标，比如

$$u(t,x)=\sum_{i=1}^{N}a_i(t)\varphi_i(x) \tag{5.40}$$

其中，$u(t,x)$为连续体的变形，$a_i(t)$，$\varphi_i(x)$，$i=1,2,\cdots,N$ 分别为广义坐标和容许函数，N 表示近似解采用容许函数的个数，其可根据计算精确度的要求确定。

对于讨论连续体的静态问题，则可将假设近似解的系数取为常数形式，即

$$u(x)=\sum_{i=1}^{N}a_i\varphi_i(x) \tag{5.41}$$

当然，对于讨论离散质点系，且具有时间边值的问题时，也可以采用类似于式(5.41)的形式，只是需将变量换为时间即可。例如：由 n 个广义坐标 q_j 表征的质点系，其时间边界条件为

$$q_j(t_1)=q_{j1},\ q_j(t_2)=q_{j2},\ j=1,2,\cdots,n \tag{5.42}$$

为此，可以采用如下假设近似解形式

$$q_j(t)=\varphi_{j0}(t)+\sum_{i=1}^{N}a_{ji}\varphi_{ji}(t),\ j=1,2,\cdots,n \tag{5.43}$$

其中，取 $\varphi_{j0}(t_1)=q_{j1}$，$\varphi_{j0}(t_2)=q_{j2}$，$j=1,2,\cdots,n$，即：满足广义坐标的边界条件。而选取的函数序列 $\varphi_{ji}(t)$，$j=1,2,\cdots,n$；$i=1,2,\cdots,N$，满足以下边界条件

$$\varphi_{ji}(t_1)=\varphi_{ji}(t_2)=0,\quad j=1,2,\cdots,n;\ i=1,2,\cdots,N \tag{5.44}$$

在上述各近似解中所采用的容许函数，对采用函数序列是否正交没有严格的要求，但对于其可微性有要求，即如果方程为 $2m$ 阶，则容许函数应为 m 阶可微。另外，隐含着要求由序列 $\varphi_i(x)$，$i=1,2,\cdots,N$ 所建的近似解关于待求的解收敛。

相比上述容许函数要求更为严格的函数序列，即所谓的**比较函数**。其除了满足几何边界条件外，还需要满足力边界条件，同时具有与容许函数相同的可微性，如：使用伽辽金法时所采用的形函数。在基于变分问题的动力学近似求解方法中，采用里茨法且只要求使用容许函数作为近似解的函数序列，是因为力边界条件已经隐含在求解动力学泛函极值的变分问题中了。**特征函数**无疑是更为严格的函数序列，因为其满足无激励的动力学方程及其所有边界条件，同时有与方程阶数相等的可导性。

在确定了近似解的形式后（如式(5.40)、(5.41)或(5.43)），将系统的动能和势能用近似解表达出来。然后将其代入哈密顿作用量(5.27)，可得到关于近似解系数的多元函数

$$S = S(a_1, a_2, \cdots, a_N) \tag{5.45}$$

或

$$S = S(a_{11}, a_{12}, \cdots, a_{1N}, \cdots, a_{n1}, a_{n2}, \cdots, a_{nN}) \tag{5.46}$$

根据哈密顿原理,真实运动使哈密顿作用量 S 取驻值,亦即哈密顿作用量的变分为零,$\delta S=0$。实际上该极值条件等价于求解以待定系数为变量的多元函数极值问题,即

$$\frac{\partial S}{\partial a_{ji}} = 0, \qquad j = 1,2,\cdots,n;\ i = 1,2,\cdots,N \tag{5.47}$$

由式(5.47)可以得到与待定系数相等的方程组。求解该方程组得到近似解的系数,并将其代回到近似解中,即可以得到系统真实运动响应的近似解表达式。

例 5.2 一根一端固定、另一端自由的变截面杆,杆长为 l,杆的弹性模量为 E,杆截面积为 $A(x)=A_0\left(1-\varepsilon\dfrac{x}{l}\right)$,杆单位长度的质量密度为 $\rho(x)=\rho_0\left(1-\varepsilon\dfrac{x}{l}\right)$。请利用基于哈密顿原理的变分问题直接近似方法求杆纵向振动的固有频率。

解 首先,写出杆的动能、势能以及对应的哈密顿作用量

其动能和势能为

$$T = \frac{1}{2}\int_0^l \rho(x)\left(\frac{\partial u}{\partial t}\right)^2 \mathrm{d}x,\ V = \frac{1}{2}\int_0^l EA(x)\left(\frac{\partial u}{\partial x}\right)^2 \mathrm{d}x$$

哈密顿作用量表示为

$$S = \int_{t_1}^{t_2}\left[\frac{1}{2}\int_0^l \rho(x)\left(\frac{\partial u}{\partial t}\right)^2 \mathrm{d}x - \frac{1}{2}\int_0^l EA(x)\left(\frac{\partial u}{\partial x}\right)^2 \mathrm{d}x\right]\mathrm{d}t \tag{a}$$

由哈密顿原理知:$\delta S=0$,可得

$$\int_{t_1}^{t_2}\int_0^l [\rho(x)u_{tt}\delta u + EA(x)u_x\delta u_x]\mathrm{d}x\mathrm{d}t = 0 \tag{b}$$

其次,基于里茨法写出近似解的表达形式(见式(5.40))

$$u(t,x) = \sum_{i=1}^{N} a_i(t)\varphi_i(x) \tag{c}$$

最后,将近似解(c)代入到式(b)中,推导关于近似解系数的方程组。为此,通过化简计算可得

$$\sum_{i=1}^{N}\sum_{j=1}^{N}\int_{t_1}^{t_2}\int_0^l [\rho(x)\ddot{a}_i\varphi_i\varphi_j\delta a_j + EA(x)a_i\varphi'_i\varphi'_j\delta a_j]\mathrm{d}x\mathrm{d}t = 0 \tag{d}$$

上式可以写为

$$\sum_{j=1}^{N}\int_{t_1}^{t_2}\left\{\sum_{i=1}^{N}\left[\left(\int_0^l \rho(x)\varphi_i\varphi_j\mathrm{d}x\right)\ddot{a}_i + \left(\int_0^l EA(x)\varphi'_i\varphi'_j\mathrm{d}x\right)a_i\right]\delta a_j\right\}\mathrm{d}t = 0 \tag{e}$$

由于起始时刻 t_1 和终止时刻 t_2 的任意性,可知关于 j 的 N 个求和式个个等于

0。又因为 $\delta a_j \neq 0$，$j=1,2,\cdots,N$ 且相互独立，为此，可以得到如下 N 个方程

$$\sum_{i=1}^{N}\left[\left(\int_0^l \rho(x)\varphi_i\varphi_j \mathrm{d}x\right)\ddot{a}_i + \left(\int_0^l EA(x)\varphi'_i\varphi'_j \mathrm{d}x\right)a_i\right] = 0, \quad j = 1,2,\cdots,N \tag{f}$$

上式给出了关于 N 个待定系数的微分方程，可求解出 N 个待定系数 $a_i(t)$，$i=1, 2,\cdots,N$。将其代回到(c)式，可得到本问题的近似解。

情形 1：假设 $N=1$ 时，满足杆的几何边界条件：$\varphi(0)=0$ 的容许函数可取为

$$\varphi(x) = \frac{x}{l} \tag{g}$$

将其代入(f)式中可得

$$\frac{1}{l^2}\left\{\left(\int_0^l \rho_0\left(1-\frac{\varepsilon x}{l}\right)x^2 \mathrm{d}x\right)\ddot{a}_1 + \left(\int_0^l EA_0\left(1-\frac{\varepsilon x}{l}\right)\mathrm{d}x\right)a_1\right\} = 0 \tag{h}$$

因为模态对应于结构以某个固有频率作周期性简谐运动，为了求得结构振动的固有频率，假设与时间相关的待定系数为：$a_1(t)=\sin\omega t$，将其代入(h)中可得

$$\omega^2 = \frac{\int_0^l EA_0\left(1-\frac{\varepsilon x}{l}\right)\mathrm{d}x}{\int_0^l \rho_0\left(1-\frac{\varepsilon x}{l}\right)x^2 \mathrm{d}x} = \frac{EA_0}{\rho_0 l^2}\frac{6(2-\varepsilon)}{4-3\varepsilon} \approx \frac{EA_0}{\rho_0 l^2}(3+0.75\varepsilon)$$

情形 2：为了简化计算，假设 $\varepsilon=1$，即 $x=l$ 时，锲形杆的宽度为 0。下面求解杆纵向振动的前两阶固有频率，因此需要选取两个满足边界条件的容许函数。在此可以取三角函数，即

$$\varphi_i(x) = \sin\lambda_i x, \quad i = 1,2,\cdots,N$$

其自然满足杆的几何边界条件：$\varphi_i(0)=0$，$i=1,2,\cdots,N$。为了确定待定常数 λ_i，在此，利用杆右端的力边界条件：$\varphi'_i(l)=0$，$i=1,2,\cdots,N$，并可到

$$\cos\lambda_i l = 0 \Rightarrow \lambda_i = \frac{2i-1}{2}\frac{\pi}{l}, \quad i = 1,2,\cdots,N$$

假设 $N=2$ 时，假设近似解具有如下形式

$$u(t,x) = a_1(t)\sin\frac{\pi x}{2l} + a_2(t)\sin\frac{3\pi x}{2l} \tag{g*}$$

将(g^*)式代入(f)式中，可得

$$\begin{pmatrix} m_{11} & m_{12} \\ m_{21} & m_{22} \end{pmatrix}\begin{pmatrix} \ddot{a}_1 \\ \ddot{a}_2 \end{pmatrix} + \begin{pmatrix} k_{11} & k_{12} \\ k_{21} & k_{22} \end{pmatrix}\begin{pmatrix} a_1 \\ a_2 \end{pmatrix} = 0 \tag{h*}$$

其中

$$m_{11} = \int_0^l \rho(x)\varphi_1\varphi_1 \mathrm{d}x = \rho_0\int_0^l\left(1-\frac{x}{l}\right)\sin^2\frac{\pi x}{2l}\mathrm{d}x = 0.148679\rho_0 l$$

$$m_{12} = m_{21} = \int_0^l \rho(x)\varphi_1\varphi_2 \mathrm{d}x = \rho_0\int_0^l\left(1-\frac{x}{l}\right)\sin\frac{\pi x}{2l}\sin\frac{3\pi x}{2l}\mathrm{d}x = 0.101321\rho_0 l$$

$$m_{22}=\int_0^l \rho(x)\varphi_2\varphi_2\,\mathrm{d}x=\rho_0\int_0^l\left(1-\frac{x}{l}\right)\sin^2\frac{3\pi x}{2l}\mathrm{d}x=0.238742\rho_0 l$$

$$k_{11}=\int_0^l EA(x)\varphi'_1\varphi'_1\,\mathrm{d}x=\frac{\pi^2}{4l^2}EA_0\int_0^l\left(1-\frac{x}{l}\right)\cos^2\frac{\pi x}{2l}\mathrm{d}x=0.86685\frac{EA_0}{l}$$

$$k_{12}=k_{21}=\int_0^l EA(x)\varphi'_1\varphi'_2\,\mathrm{d}x=\frac{3\pi^2}{4l^2}EA_0\int_0^l\left(1-\frac{x}{l}\right)\cos\frac{\pi x}{2l}\cos\frac{3\pi x}{2l}\mathrm{d}x=0.750\frac{EA_0}{l}$$

$$k_{22}=\int_0^l EA(x)\varphi'_2\varphi'_2\,\mathrm{d}x=\frac{9\pi^2}{4l^2}EA_0\int_0^l\left(1-\frac{x}{l}\right)\cos^2\frac{3\pi x}{2l}\mathrm{d}x=5.80165\frac{EA_0}{l}$$

将类似于情形 1，假设与时间相关的待定系数为：$a_1(t)=C_1\sin\omega t$，$a_2(t)=C_2\sin\omega t$，将其代入式(h^*)中可得

$$\begin{bmatrix}\left(0.86685\frac{EA_0}{l}-0.148679\rho_0 l\omega^2\right) & \left(0.750\frac{EA_0}{l}-0.101321\rho_0 l\omega^2\right)\\ \left(0.750\frac{EA_0}{l}-0.101321\rho_0 l\omega^2\right) & \left(5.80165\frac{EA_0}{l}-0.238742\rho_0 l\omega^2\right)\end{bmatrix}\begin{Bmatrix}C_1\\C_2\end{Bmatrix}=0$$

上式有非零解的条件为系数矩阵的行列式等于零，可得有关于频率的特征方程

$$\omega^4-36.3676\alpha\omega^2+177.0377\alpha^2=0$$

其中，$\alpha=\dfrac{EA_0}{\rho_0 l^2}$。求解上式可得前两阶固有频率的近似表达式

$$\omega_1^2=5.7898\alpha,\ \omega_2^2=30.5778\alpha$$

或

$$\omega_1=2.4062\sqrt{\frac{EA_0}{\rho_0 l^2}}$$

$$\omega_2=5.5297\sqrt{\frac{EA_0}{\rho_0 l^2}}$$

习 题

5.1 请求下列泛函的极值

$$I[u(x),v(x)]=\int_0^l\left[\left(\frac{\partial u}{\partial x}\right)^2+\left(\frac{\partial v}{\partial x}\right)^2+\frac{\pi^2}{2}uv\right]\mathrm{d}x$$

变量函数在端点满足边界条件：$u(0)=0$，$u(l)=1$，$v(0)=0$，$v(l)=-1$。

5.2 请写出下列泛函对应的欧拉-拉格朗日方程，变量函数 $u(x,y,t)$ 有三个自变量

$$I[u(x,y,t)]=\frac{1}{2}\int_{t_1}^{t_2}\left\{\iint\left[\rho\left(\frac{\partial u}{\partial t}\right)^2+c^2\left[\left(\frac{\partial u}{\partial x}\right)^2+\left(\frac{\partial u}{\partial y}\right)^2\right]\right]\mathrm{d}x\mathrm{d}y\right\}\mathrm{d}t$$

其中，ρ 和 c 均为常数。

5.3　有一根长度为 l 的等截面悬臂梁，其自由端与一个线性弹簧相连(见题图 5.3)，在梁端部未变形时弹簧为原长度。给定沿梁长度方向作用的分布载荷 $f(x)$，梁的弯曲刚度 EI，单位长度的质量密度 ρ。请利用哈密顿原理推导系统的动力学方程，并给出边界条件。

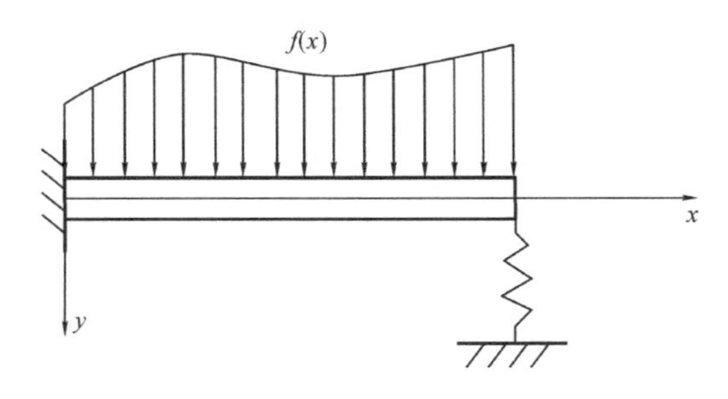

题 5.3 图

5.4　有一根长度为 l 的等截面悬臂梁，其自由端通过刚度为 k 的扭簧与一个单摆相连(见题图 5.4)，同时受到垂直于梁轴线的集中力 $\boldsymbol{F}(t)$，梁的弯曲刚度为 EI，单位长度的质量密度为 ρ。单摆小球的质量为 m，摆长为 r。注意：该梁和单摆放置在水平面内。请利用哈密顿原理推导系统的动力学方程，并给出相应的边界条件。

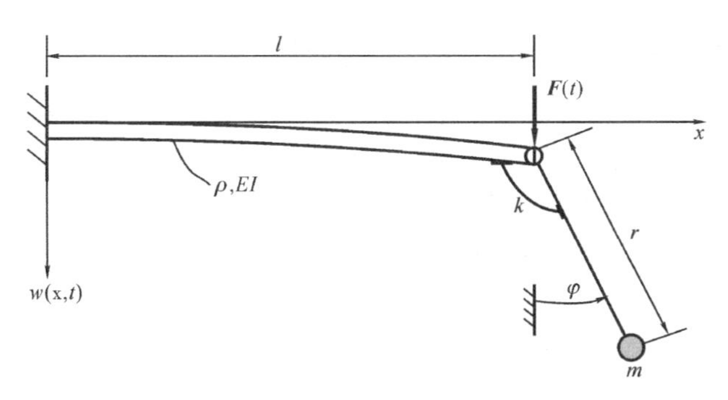

题 5.4 图

5.5　一个刚性圆盘，半径为 r，绕中心 O 的极惯性矩为 J，由刚度为 k 的扭簧固定。在圆盘上固定安装($x=0$ 处)一长度为 l 的平直叶片，其单位长度的密度为 ρ，弯曲刚度为 EI。圆盘的转动角度为 $\varphi(t)$，叶片的弯曲变形为 $w(t,x)$，且当 $\varphi=0$ 时，叶盘处于平衡状态。请利用哈密顿原理推导系统的动力学方程，并给出相应的边界条件。

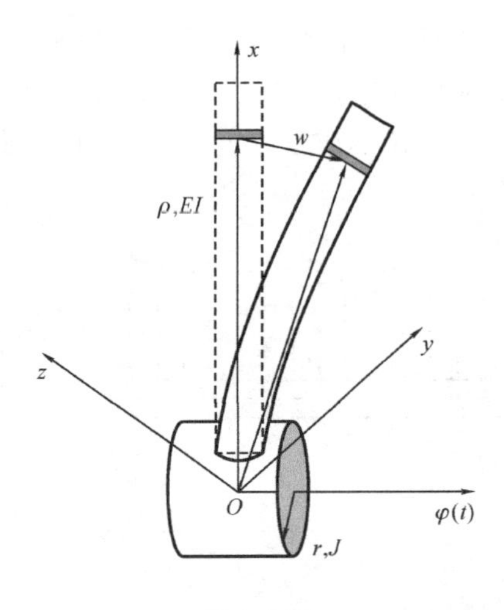

题 5.5 图

5.6 设质量为 m 的质点在弹性力作用下沿轴 x 运动，弹性势能为 $V=kx^2/2$，且有 $m=k=1$，质点的初始($t=0$)位置为 $x=0$，终止($t=1$)位置为 $x=1$。试利用哈密顿原理和里茨法求质点的运动规律。

5.7 试利用哈密顿原理和里茨法计算简支梁横向振动的第一、二阶固有频率。设梁的长度、单位长度质量和抗弯刚度分别为 l,ρ,EI。

(提示：可采用近似解 $y(x,t)=\sum_{i=1}^{2}C_i\sin\dfrac{i\pi x}{l}\sin\omega t$)

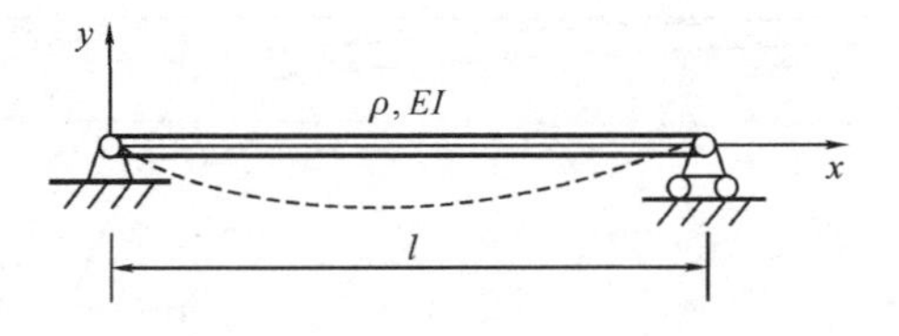

题 5.7 图

第6章　运动稳定性理论

前面几章内容主要是依照经典力学发展的历史来介绍分析力学的基本原理和分析方法。可以看到:自牛顿给出运动的基本原理后,以拉格朗日和哈密顿为代表的一批杰出科学家继续不断地推动着动力学的原理和分析方法的发展,不仅给出了建立系统动力学方程的强大而有效的工具,甚至还给出了求解有些问题的绝妙方法。然而,在数学上获得一般情况下非线性运动微分方程的解析积分是十分困难的,甚至是不可能的。因此,在工程实际中避免求解微分方程而直接判断运动的定性性质,如:稳定性,就显得十分重要和有价值。在这方面,庞家莱和李雅普诺夫做了开创性的研究工作,其思想对于当今的研究和实际应用均发挥着重要的影响和作用。目前,对于稳定性分析的需求,不仅局限于力学学科及机械工程和电气工程领域,而是在非常广泛的学科领域,如:控制理论、量子力学、核物理、经济模型及数值算法等等。本章将首先简要介绍稳定性概念的形成,接下来给出稳定性的分类和定义,将进一步介绍稳定性判定的李雅普诺夫间接方法和李雅普诺夫直接方法。

6.1　稳定性的概念

6.1.1　稳定性概念形成和发展

尽管稳定性的概念如今不仅在力学领域,也包括许多其它科学领域已经熟知和应用,但在经典力学的发展过程中(不涉及亚里士多德和阿基米德时代),稳定性概念的形成,到李雅普诺夫给出严格的数学定义经历了两百多年的发展。下面就此过程中几位科学家的关键贡献作一简单介绍。

托里拆利(Torricelli,1608—1647)在研究两个相连物体仅受重力作用的平衡时,给出了“两个相连重物不会开始在自身重量作用下发生移动,如果系统的重心不发生降低”的公理。从现代的观点解释托里拆利的公理,即:在重力作用下的有足够运动约束的两个刚体其保持静止平衡的条件是系统的重心取尽可能低的位置(至少是局部的)。这应该就是一个稳定平衡的条件,因为只有升高系统的重心,即增加系统的势能,才能改变系统的构形,这正是现代静止平衡的条件,虽然他没有使用“稳定”一词。

在有关液体中漂浮物体的稳定性研究中，最终出现了“稳定性”一词。惠更斯(Huygens，1629—1695)在讨论浮体稳定性问题时给出了如下论述：“如果一个漂浮在液体中的物体位置，发生倾斜并变到另一位置，则后者物体重心与浮力中心的距离要小于前者相应的距离。”惠更斯在其论述中明确地比较了系统两个位置情形。在18世纪研究船的横摇稳定性问题时，伯努利(Bernolli，1700—1782)明确谈到平衡位置的稳定问题，尽管其只是用到“牢固(firm)”一词，以及通过考察系统受小扰动情形下行为的变化的思想。随后欧拉(Euler，1707—1783)论述到“一个漂浮物体在平衡位置的稳定性是当物体受到无限小角度扰动而偏离平衡位置时产生的回复力矩决定的”。在此欧拉首次使用了“稳定性(stability)”一词，并将其与平衡位置受无限小扰动的响应联系起来。欧拉在稳定性方面的另一个贡献就是人们所熟悉的压杆稳定性问题。欧拉在导出弹性杆的微分方程后，进一步发现(竖直)弹性杆在自身重量或端部集中力作用下，或者是处于简单的直杆受压状态，或者是在杆的长度超过一定值时而发生杆的弯曲形态，即：发生杆的屈曲。

随后，拉格朗日(Lagrange，1736—1813)进一步发展了稳定性概念，即：将托里拆利的公理通过引入了势能的概念而推广到保守系统平衡点的稳定性分析上。拉格朗日给出定理说明，如果系统是保守的，则动能为零，而势能取最小值的平衡位置是稳定的平衡位置。另外，拉格朗日给出了稳定平衡位置的定义，即：如果系统的一个平衡位置周围的所有解均停留在该平衡位置附近(以无限小振动方式围绕着平衡位置)，则该平衡位置是稳定的。狄雷克利(Dirichlet，1805—1859)进一步证明了拉格朗日定理，说明势能取最小值(含局部)可以充分保证平衡位置的稳定性。至此，发展形成了在弹性静力学中重要的定理——拉格朗日-狄雷克利定理。鉴于该定理在结构静力学中仍然发挥着重要作用。下面将介绍该定理的内容及其应用。

拉格朗日-狄雷克利定理：若势能在平衡位置取孤立极小值，则保守系统的平衡是稳定的。若势能在平衡位置不具有孤立极小值，且势能函数为广义坐标高于一次的齐次函数，则保守系统的平衡是不稳定的。

事实上，上述定理的后半部分是由切塔耶夫(Chetayev)加以证明的，也称为切塔耶夫定理。在拉格朗日之后，刘维尔(Liouville，1809—1882)研究了旋转液体形状的稳定性问题。在不考虑耗散作用时，他使用了改进形式的拉格朗日-狄雷克利定理，并阐明如果系统在旋转流体形状平衡态的活力(动能的二倍)取最大值，则该平衡形状是稳定的。在系统总能量守恒时，动能最大则意味着势能最小。天体力学对现代稳定性理论的形成有着重大影响，其中庞家莱(Poincare，1854—1912)做出了最重要的贡献。他在研究天体运动周期轨道时，给出了庞家莱稳定性，亦称轨道稳定性的概念。在求解稳定性条件的方法方面，麦克斯韦尔(Maxwell，1831—

1879)采用了对运动微分方程进行线性化,得到系统的特征方程,然后通过分析随系统参数特征方程的特征根实部是否为负,来判断系统的稳定性。而劳斯(Routh,1831—1907)和赫尔威茨(Hurwitz,1859—1919)分别独立给出了确定高阶特征方程的特征根是否为负的判断准则。

6.1.2　拉格朗日-狄雷克利定理的应用

鉴于拉格朗日-狄雷克利定理在当今结构静力学中依然发挥着重要作用,下面就其应用加以介绍。在第 2 章中已经讨论了保守系统的平衡条件(见 2.2 节),依据上面给出的拉格朗日-狄雷克利定理,判断平衡位置的稳定性只需判断系统的势能是否有孤立最小值。

对于一个完整保守的质点系,设有 k 个自由度,取广义坐标 $q_j, j=1,2,\cdots,k$,势能 $V=V(q_1,q_2,\cdots,q_k)$是广义坐标的函数。现设系统的平衡位置为:$\boldsymbol{q}^*=(q_1^*, q_2^*,\cdots,q_k^*)^{\mathrm{T}}$,则势能 V 在该平衡位置取孤立极小值的条件是:**势能函数关于广义坐标的二次变分的海森(Hessian)矩阵在该平衡位置是正定的**。

下面分别给出 $k=1$ 和 $k=2$ 时,稳定条件的具体表达式:

当
$$k=1,\ V=V(q),\ \left(\frac{\mathrm{d}^2V}{\mathrm{d}q^2}\right)_{q=q^*}>0 \tag{6.1}$$

当
$$k=2,\ V=V(q_1,q_2),\ \left(\frac{\partial^2V}{\partial q_1\partial q_2}\right)^2_{q=q^*}-\left\{\left(\frac{\partial^2V}{\partial q_1^2}\right)\left(\frac{\partial^2V}{\partial q_2^2}\right)\right\}_{q=q^*}<0 \tag{6.2}$$

且
$$\left(\frac{\partial^2V}{\partial q_1^2}\right)_{q=q^*}>0\quad 或\quad \left(\frac{\partial^2V}{\partial q_2^2}\right)_{q=q^*}>0 \tag{6.3}$$

例 6.1　一个倒立摆,受两个相同的线性弹簧约束(如图 6.1 所示)。试用拉格朗日定理讨论倒立摆在铅直静止平衡位置的稳定性。

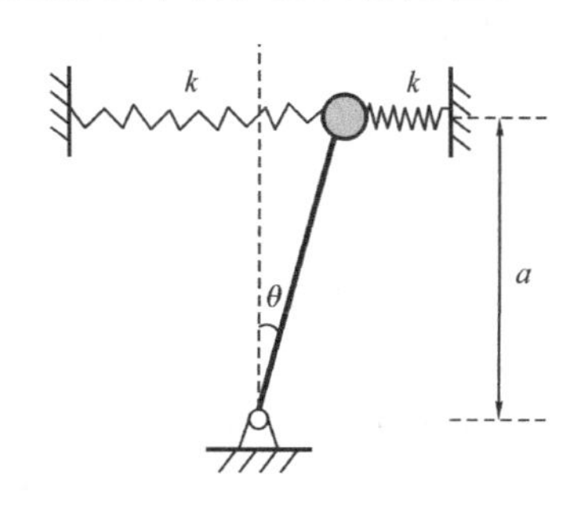

图 6.1

解　系统有 1 个自由度,取 θ 为广义坐标。

系统仅受有势力的作用，势能零点取在铅直位置，其势能为

$$V = 2 \times \frac{1}{2}k\,(a\theta)^2 - mga(1-\cos\theta)$$

则系统的平衡位置为

$$\frac{\partial V}{\partial \theta} = 2ka^2\theta - mga\sin\theta = 0$$

可解出 $\theta=\theta^*=0$ 为其一个平衡点。

该平衡点的稳定性由下式判断

$$\left.\frac{\partial^2 V}{\partial \theta^2}\right|_{\theta=0} = (2ka^2 - mga\cos\theta)\,|_{\theta=0} = 2ka^2 - mga$$

当 $k>mg/2a$ 时，上式大于零。因此，系统的铅直位置是稳定的。

6.2 稳定性的分类与定义

直观上，稳定性与系统受扰动后的结果有关。在小扰动下，系统的运动只发生很小的变化，则认为系统的运动是稳定的。实际上，稳定性的概念依扰动的方式不同而不同：(1)对于初值的扰动，讨论的是运动稳定性；(2)对于系统参数的扰动，讨论的是系统结构稳定性。下面就相关稳定性的定义进行介绍。

6.2.1 李雅普诺夫稳定性

研究动力系统，设其运动微分方程可以表示为

$$\dot{\boldsymbol{x}} = \boldsymbol{F}(\boldsymbol{x}) \tag{6.4}$$

其中，状态变量 $\boldsymbol{x}=(x_1,x_2,\cdots,x_n)^{\mathrm{T}}$，向量场 $\boldsymbol{F}=(F_1,F_2,\cdots,F_n)^{\mathrm{T}}$ 为光滑连续函数。则式(6.4)的解唯一地由初值 $\boldsymbol{x}(t_0)=\boldsymbol{x}^0=(x_1^0,x_2^0,\cdots,x_n^0)^{\mathrm{T}}$ 决定，表示为

$$x_i(t) = \varphi_i(t,x_1^0,x_2^0,\cdots,x_n^0),\quad i=1,2,\cdots,n \tag{6.5}$$

下面讨论系统的一个特殊解：平衡点或奇点。在状态空间中系统的平衡点 $\boldsymbol{x}^*$ 满足

$$\boldsymbol{F}(\boldsymbol{x}^*) = 0$$

即，系统的相速度为零。若 $\boldsymbol{x}^0=\boldsymbol{x}^*$，则对于所有时间 t，该解将始终保持不变。

下面给出平衡点李雅普诺夫稳定性的定义。

定义 1：设 $\boldsymbol{x}^*$ 为系统(6.4)的平衡点，$\boldsymbol{x}^0=\boldsymbol{x}(t_0)$ 为其附近的任意初值点，则平衡点 $\boldsymbol{x}^*$ 稳定，当且仅当 $\forall\varepsilon>0$，$\exists\delta(\varepsilon)>0$ 满足

$$\|\boldsymbol{x}^0-\boldsymbol{x}^*\| < \delta(\varepsilon)$$

则有

$$\| \boldsymbol{x}(t) - \boldsymbol{x}^* \| < \varepsilon, \ \forall t > t_0$$

上述定义的几何解释，如图 6.2 所示。以平衡点为中心作半径为 ε 的球面，以及相应的半径为 $\delta(\varepsilon)$ 球面，则当初值选在后者中的系统的解不会达到甚至跑出前者。

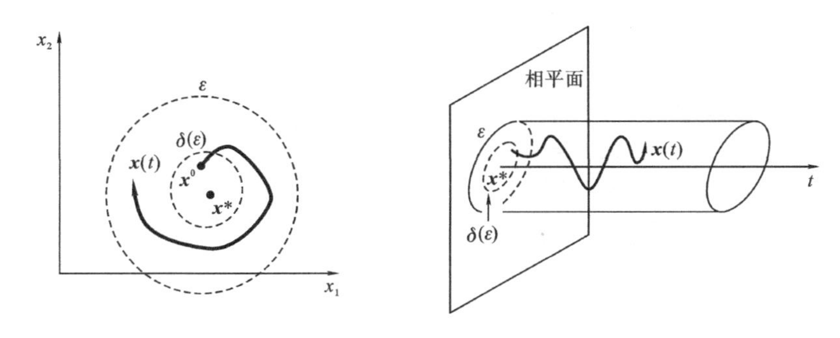

图 6.2　平衡点的李雅普诺夫稳定性的几何解释

定义 2：设 $\boldsymbol{x}^*$ 为系统(6.4)的平衡点，$\boldsymbol{x}^0 = \boldsymbol{x}(t_0)$ 为其附近的任意初值点，则平衡点 $\boldsymbol{x}^*$ 为渐近稳定，当且仅当 $\exists \delta > 0$ 其满足

$$\| \boldsymbol{x}^0 - \boldsymbol{x}^* \| < \delta$$

则有

$$\lim_{t \to \infty} \| \boldsymbol{x}(t) - \boldsymbol{x}^* \| = 0$$

上述定义的几何解释，如图 6.3 所示。以平衡点为中心作半径为 ε 的球面，以及半径为 δ 球面，则若初值选在后者中的系统的解，将会随着时间的推移逐渐趋向平衡点。

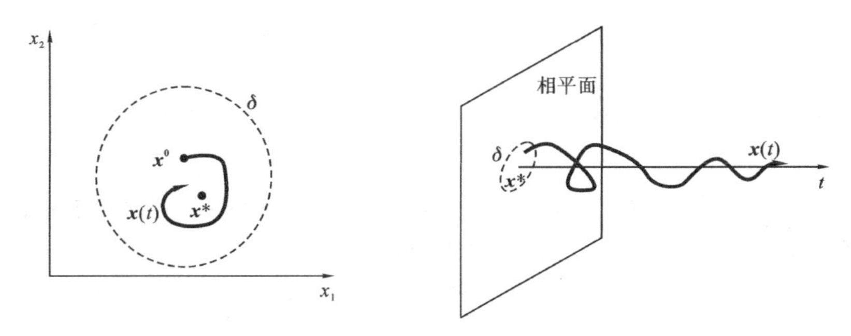

图 6.3　平衡点的李雅普诺夫渐近稳定性的几何解释

例 6.2 考虑单摆，摆长等于重力加速度，其方程为：

$$\dot{x}_1 = x_2$$
$$\dot{x}_2 = -\sin x_1$$

讨论系统平衡点的满足稳定性定义。

解 令方程右端等于零有

$$x_2 = 0$$
$$\sin x_1 = 0$$

得到两个平衡点

$$\boldsymbol{x}^* = (0,0)^{\mathrm{T}} \text{和} \ \boldsymbol{x}^* = (\pi,0)^{\mathrm{T}}$$

其中第一个平衡点是稳定的，其相图如图 6.4 所示。

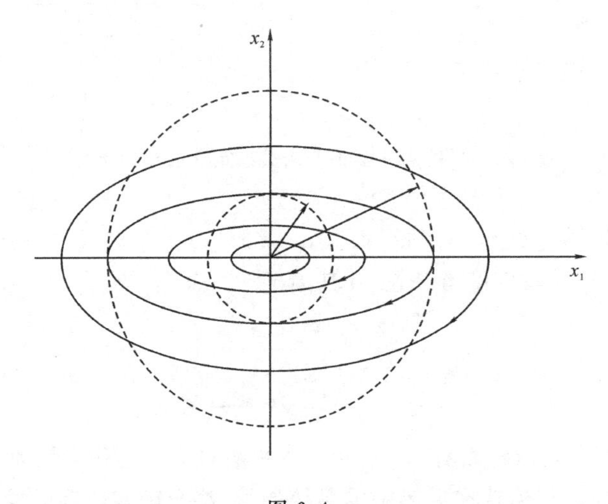

图 6.4

下面讨论系统(6.4)一般解的稳定性，设 $\boldsymbol{x}^*(t)$为系统的解，其满足

$$\dot{\boldsymbol{x}}^*(t) = \boldsymbol{F}(\boldsymbol{x}^*(t)) \tag{6.6}$$

即：$\boldsymbol{x}^*(t)=\Phi(\boldsymbol{x}^*(t_0),t)$，解是随时间 t 变化的。该解的李雅普诺夫稳定性定义如下。

定义 3：设 $\boldsymbol{x}^*(t)$为系统(6.4)的解，$\boldsymbol{x}^0=\boldsymbol{x}(t_0)$为其附近的任意初值点，则解 $\boldsymbol{x}^*(t)$稳定，当且仅当 $\forall\varepsilon>0$，$\exists\delta(\varepsilon)>0$ 其满足

$$\| \boldsymbol{x}(t_0) - \boldsymbol{x}^*(t_0) \| < \delta(\varepsilon)$$

则有

$$\| \boldsymbol{x}(t) - \boldsymbol{x}^*(t) \| < \varepsilon, \forall t > t_0$$

上述定义的几何解释，如图 6.5 所示。以给定解 $\boldsymbol{x}^*(t)$为中心作半径为 ε 的圆柱面，同时以 $\boldsymbol{x}^*(t_0)$为中心作半径为 $\delta(\varepsilon)$球面，则若初值选在 $\delta(\varepsilon)$球面中，系统的扰动解将会随着时间演化，但其总是包含在 ε 圆柱面内。

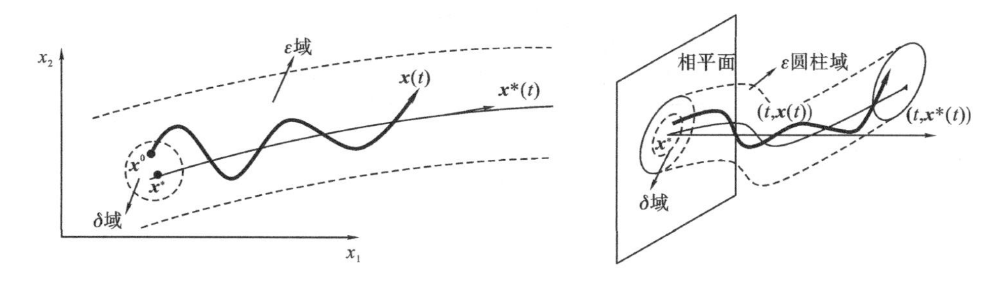

图 6.5　系统一般解的李雅普诺夫稳定性的几何解释

定义 4：设 $\boldsymbol{x}^*(t)$为系统(6.4)的解，$\boldsymbol{x}^0=\boldsymbol{x}(t_0)$为其附近的任意初值点，则解 $\boldsymbol{x}^*(t)$是渐近稳定的，当且仅当∃$\delta>0$ 其满足

$$\|\boldsymbol{x}(t_0)-\boldsymbol{x}^*(t_0)\|<\delta$$

则有

$$\lim_{t\to\infty}\|\boldsymbol{x}(t)-\boldsymbol{x}^*(t)\|=0$$

上述定义的几何解释，如图 6.5 所示。以给定解 $\boldsymbol{x}^*(t)$为中心作半径为 ε 的圆柱面，同时以 $\boldsymbol{x}^*(t_0)$为中心作半径为 δ 球面，则若初值选在 δ 球面中，系统的扰动解将会随着时间演化逐渐趋向于并收敛于系统的给定解。

6.2.2　庞家莱稳定性

在李雅普诺夫意义下的稳定性定义之外，还有一种弱的稳定性定义，即：庞家莱意义下的稳定性，也称为**轨道稳定性**。该稳定性的定义不再要求在相同时刻系统的给定解(轨道)与扰动解(轨道)充分接近，而只要求在相空间中所要讨论轨道(解)与受扰动轨道(解)的位置充分接近即可。这意味着：只需要在相空间中比较两个轨道的距离，而不再考虑时间因素了。

以单摆的运动为例，其给定初值点的运动在相空间中是一个椭圆轨道。只要两个初值点取值充分接近，则两个相轨道在相空间中的距离就充分接近(如图 6.6 所示)，所以单摆的运动是轨道稳定的。但是，在李雅普诺夫意义下，该运动是不稳定的。因为，初值不同的两个运动，周期不同，随着时间的不断增大，两个相邻很近的初值点的距离可能变得很大。

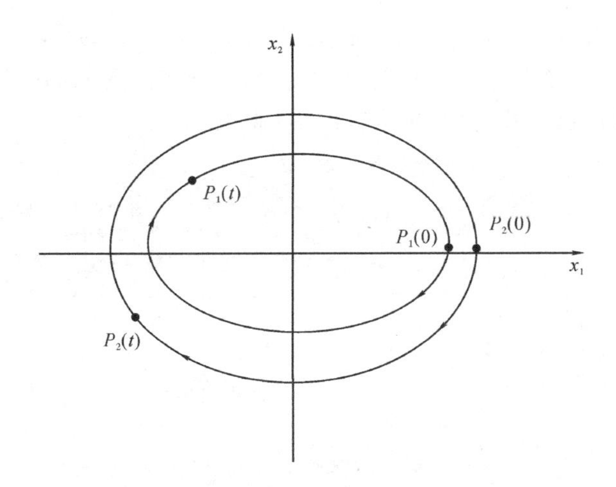

图 6.6 轨道稳定性的示意图

6.2.3 结构稳定性

上述讨论的稳定性均是在系统受到初始扰动的条件下,讨论系统的解(轨道)的演化行为,属于运动稳定性的范畴。还有一种稳定性的定义是在参数扰动情况下,讨论系统解的结构特征是否发生变化,即:随着参数的改变(受到扰动),系统解的数量和(李雅普诺夫)稳定性的特征发生了变化,称为系统的**结构稳定性**。如:在欧拉弹性压杆的临界载荷附近,随参数(载荷)的变化(扰动),系统的解可从一个稳定解变为三个解(其中:两个是稳定的,一个是不稳定的),或反之。结构稳定性是非线性动力学中分岔理论主要研究的问题,已超出本教材的范围。

6.3 李雅普诺夫间接法

6.3.1 非线性微分方程解的扰动线性化方程

李雅普诺夫意义下的稳定性是考察系统的给定解受扰动后的演化行为,因此,为了确定方程(6.4)解 $\boldsymbol{x}^*(t)$的稳定性,需要研究在该解受到小扰动后解的演化行为。为此,设扰动解有如下形式

$$\boldsymbol{x}(t)=\boldsymbol{x}^*(t)+\boldsymbol{\eta}(t) \tag{6.7}$$

其中,$\boldsymbol{\eta}(t)$称为解 $\boldsymbol{x}^*(t)$的小扰动量。

将式(6.7)代入(6.4)中,有 $\frac{\mathrm{d}}{\mathrm{d}t}[\boldsymbol{x}^*(t)+\boldsymbol{\eta}(t)]=F[\boldsymbol{x}^*(t)+\boldsymbol{\eta}(t)]$。因为

$$\frac{\mathrm{d}}{\mathrm{d}t}\boldsymbol{x}^*(t) = \boldsymbol{F}(\boldsymbol{x}^*(t))$$

所以得到

$$\frac{\mathrm{d}}{\mathrm{d}t}\boldsymbol{\eta}(t) = \boldsymbol{F}[\boldsymbol{x}^*(t)+\boldsymbol{\eta}(t)] - \boldsymbol{F}[\boldsymbol{x}^*(t)] \tag{6.8}$$

当扰动足够微小时，将扰动方程(6.8)的右边展成泰勒(Taylor)级数，略去二次以上项，可得到线性方程组，即原系统的一次近似方程

$$\dot{\boldsymbol{\eta}} = \boldsymbol{DF}(\boldsymbol{x}^*(t))\boldsymbol{\eta} \tag{6.9}$$

其中，矩阵 $\boldsymbol{DF}(\boldsymbol{x}^*(t))$是向量场(矢量函数)$\boldsymbol{F}(\boldsymbol{x}(t))$在 $\boldsymbol{x}(t)=\boldsymbol{x}^*(t)$处的雅可比矩阵

$$\boldsymbol{DF}(\boldsymbol{x}^*,t) = \begin{bmatrix} \frac{\partial F_1}{\partial x_1} & \frac{\partial F_1}{\partial x_2} & \frac{\partial F_1}{\partial x_3} & \cdots & \frac{\partial F_1}{\partial x_n} \\ \frac{\partial F_2}{\partial x_1} & \frac{\partial F_2}{\partial x_2} & \frac{\partial F_2}{\partial x_3} & \cdots & \frac{\partial F_2}{\partial x_n} \\ \vdots & \vdots & \vdots & \vdots & \vdots \\ \vdots & \vdots & \vdots & \vdots & \vdots \\ \frac{\partial F_n}{\partial x_1} & \frac{\partial F_n}{\partial x_2} & \frac{\partial F_n}{\partial x_3} & \cdots & \frac{\partial F_n}{\partial x_n} \end{bmatrix}_{\boldsymbol{x}(t)=\boldsymbol{x}^*(t)} \tag{6.10}$$

当讨论系统平衡点的稳定性时，$\boldsymbol{x}^*(t)=\boldsymbol{x}^*$ 与时间无关，雅可比矩阵为常数阵，即

$$\dot{\boldsymbol{\eta}} = \boldsymbol{A}\boldsymbol{\eta} \tag{6.11}$$

其中，$n\times n$ 系数矩阵 $\boldsymbol{A}=(a_{ij})$为 $\boldsymbol{\eta}=\boldsymbol{0}$ 亦即 $\boldsymbol{x}=\boldsymbol{x}^*$ 处 $\boldsymbol{F}$ 相对变量 x 的雅可比矩阵

$$a_{ij} = \left(\frac{\partial F_i}{\partial x_j}\right)_{x=x^*} \quad i, \qquad j = 1,2,\cdots,n \tag{6.12}$$

可见讨论平衡点的稳定性已转化为讨论线性微分方程组(6.11)零解的稳定性问题。为此，下面首先介绍线性微分方程组零解稳定性的分析方法。

6.3.2　线性常系数微分方程组的零解稳定性

设方程(6.11)的解为

$$\boldsymbol{\eta} = \boldsymbol{C}e^{\lambda t} \tag{6.13}$$

式中 $\boldsymbol{C}=(C_j)$为 n 维常值列阵，代入方程(6.11)，得到

$$(\boldsymbol{A}-\lambda\boldsymbol{I})\boldsymbol{C} = 0 \tag{6.14}$$

$\boldsymbol{C}$ 有非零解的充分必要条件为系数行列式等于零

$$|\boldsymbol{A}-\lambda\boldsymbol{I}| = 0 \tag{6.15}$$

展开后得到 λ 的 n 次代数方程，即矩阵 $\boldsymbol{A}$ 的特征方程

$$a_0\lambda^n + a_1\lambda^{n-1} + \cdots + a_{n-1}\lambda + a_n = 0 \tag{6.16}$$

此方程的根为矩阵 **A** 的特征值。

由于线性微分方程组的通解是由基本解的线性组合构成,因此方程组(6.11)的零解稳定性将由特征方程(6.16)的特征值实部的符号决定。稳定性的定理给出如下:

定理 1:若所有特征值的实部为负,则线性常系数微分方程组的零解渐近稳定。

定理 2:若至少有一个特征值的实部为正,则线性常系数微分方程组的零解不稳定。具有正实部特征值的数目称为**不稳定度**。

定理 3:若存在零实部的特征值,且为单根,其余特征根的实部非正,则线性常系数微分方程组的零解稳定,但不是渐近稳定。

下面将以两维的线性系统为例,来说明上述线性系统零平衡点的稳定性理论,特别的是介绍根据特征值的特点给出平衡点的分类。系统的方程如下

$$\left.\begin{aligned}\dot{x} &= ax + by \\ \dot{y} &= cx + dy\end{aligned}\right\} \tag{6.17}$$

方程的平衡点为:$x^* = 0$, $y^* = 0$。为了考察该平衡点的稳定性,可以讨论线性方程的通解,其具有如下解的形式

$$\left.\begin{aligned}x &= u_1 e^{\lambda t} \\ y &= u_2 e^{\lambda t}\end{aligned}\right\} \tag{6.18}$$

将解(6.18)代入方程(6.17)可得关于特征值的特征方程

$$\begin{vmatrix} a-\lambda & b \\ c & d-\lambda \end{vmatrix} = 0, \quad \lambda^2 - (a+d)\lambda + (ad - bc) = 0 \tag{6.19}$$

将(6.19)写为标准形式,即令:$\tau=(a+d)$, $\Delta=(ad-bc)$有

$$\lambda^2 - \tau\lambda + \Delta = 0 \tag{6.20}$$

二次代数方程(6.20)的根的判别式为:$D=\tau^2-4\Delta$,特征根为

$$\lambda_{1,2} = \frac{\tau}{2} \pm \frac{1}{2}\sqrt{D} \tag{6.21}$$

由代数方程的知识可知:当 $D\geqslant 0$ 时,式(6.20)有实根;当 $D<0$ 时,式(6.20)有共轭复根;而当 $D=0$ 时,式(6.20)有一对相等的实根。

由于方程(6.17)的解为指数函数的叠加,因此,特征值的实部将最终决定指数函数是否随时间的增加而发散,还是收敛。当特征值实部均为负时,平衡解为**渐近稳定**;当特征值实部等于零(特征值为一对纯虚根),平衡解为**稳定**;而当特征值实部至少有一个为正时,平衡解**不稳定**。

根据特征根的特点,可以定性地对线性系统的平衡点进行分类。

(1)若 λ_1 和 λ_2 为实数且有相同的符号,则平衡点称为**结点**,如图 6.7(a)所示;特别的,若 $\lambda_1=\lambda_2$ 时,系统可能仅有一个特征向量(一个特征方向),称为**退化结点**,如图6.7(b)所示,或有无穷多特征向量(即相平面中任意方向均为特征方向),称为正常结点,如图 6.7(c)所示,其取决于特征矩阵($\boldsymbol{A}-\lambda I$)的秩;

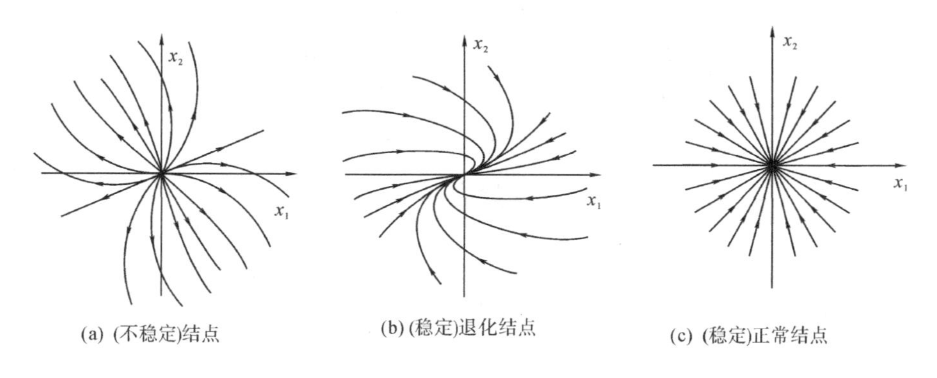

(a) (不稳定)结点　(b) (稳定)退化结点　(c) (稳定)正常结点

图 6.7　结点的示意图

(2)若 λ_1 和 λ_2 为实数且有相反的符号,则平衡点称为**鞍点**,如图 6.8(a)所示;

(3)若 λ_1 和 λ_2 为一对共轭复数,则平衡点称为**焦点**,如图 6.8(b)所示;

(4)若 λ_1 和 λ_2 为一对纯虚根,则平衡点称为**中心**,如图 6.8(c)所示。

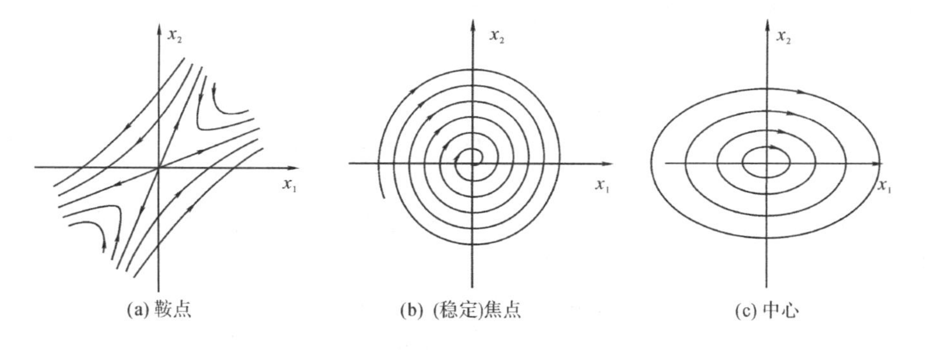

(a) 鞍点　(b) (稳定)焦点　(c) 中心

图 6.8　其它类型的平衡点示意图

根据上述讨论,可以在参数平面 $\tau-\Delta$ 内将平衡点的类型及稳定性展现出来(见图 6.9)。可以看出:系统平衡点只在参数坐标系的第二象限稳定,在第一象限为不稳定的结点和焦点,在第三、四象限为鞍点,而中心只在 Δ 轴的正方向上。特征方程(6.20)的判别式在参数平面内为一抛物线,其将坐标系的第一、二象限分为上下两个区域,上部区域为焦点,抛物线及其下部的区域为结点。

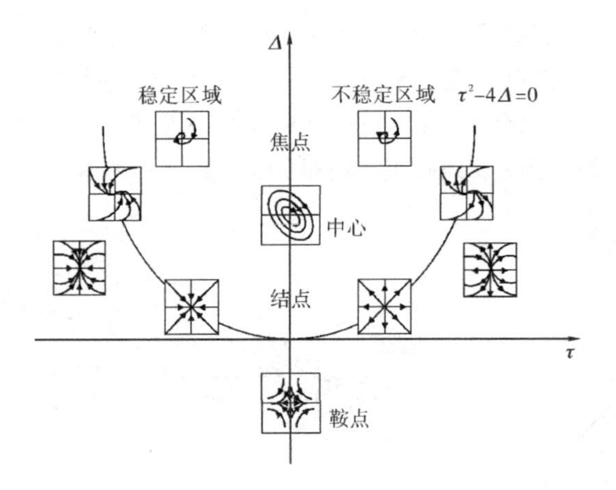

图 6.9 不同类型平衡点及其稳定性在参数平面τ—Δ不同区域的分布图

6.3.3 李雅普诺夫稳定性定理

在上面的讨论中将原系统(6.4)在所讨论解(平衡点或一般解)处进行了线性化而略去了非线性项,得到一次近似系统(6.11)。由于略去高次项,(6.11)不再完全等同于原方程(6.4)。李雅普诺夫给出了可以从一次近似系统零解的稳定性推断出原方程平衡解稳定性的条件,并以如下定理给出。

定理 1:若一次近似方程的所有特征值的实部均为负,则原方程的平衡解是渐近稳定的。

定理 2:若一次近似方程至少有一特征值的实部为正,则原方程的平衡解不稳定。

定理 3:若一次近似方程存在实部为零的特征值,而其余特征根实部非正,此时无法判断原方程的平衡解稳定性。

定理 1 和定理 2 所涉及的情况与线性方程组的零解的渐近稳定和不稳定的条件完全一致,因此可直接根据一次近似方程零解的稳定性来判断原方程的平衡解的稳定性。而定理 3 所涉及的情况是介于上面两种情况之间的临界情况,虽然线性方程组的零解稳定性条件,但却不能判断原方程的平衡解的稳定性。因为在这种临界情况下,原非线性方程的平衡解的稳定性有时要取决于所略去的高次非线性项。

例 6.3 设单摆的质量为 m,摆长为 l,粘性阻尼系数为 c,相对垂直轴的偏角为 φ,如图 6.10 所示,试分析带阻尼单摆平衡状态的稳定性。

解　摆的动力学方程可写为

$$ml^2\ddot{\varphi}+c\dot{\varphi}+mgl\sin\varphi=0$$

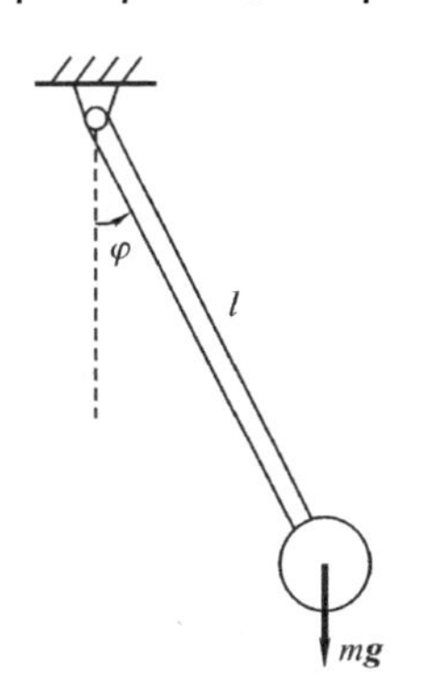

图 6.10

对参数归一化，有

$$\begin{aligned}&\ddot{\varphi}+2\zeta\dot{\varphi}+\omega_0^2\sin\varphi=0\\&2\zeta=\frac{c}{ml^2},\ \omega_0^2=\frac{g}{l}\end{aligned}\tag{a}$$

写出方程(a)的状态空间表达形式，为此，令 $x_1=\varphi$，$x_2=\dot{\varphi}$，有

$$\left.\begin{aligned}\dot{x}_1&=x_2\\\dot{x}_2&=-2\zeta x_2-\omega_0^2\sin x_1\end{aligned}\right\}\tag{b}$$

令方程(b)的右端等于零，可得系统的平衡点。共有两个(0,0)和$(\pi,0)$。方程(b)关于两个平衡点的雅可比矩阵分别为

$$\begin{aligned}\boldsymbol{J}_{(0,0)}&=\begin{bmatrix}0&1\\-\omega_0^2\cos x_1&-2\zeta\end{bmatrix}_{(x_1,x_2)=(0,0)}=\begin{bmatrix}0&1\\-\omega_0^2&-2\zeta\end{bmatrix}\\\boldsymbol{J}_{(\pi,0)}&=\begin{bmatrix}0&1\\-\omega_0^2\cos x_1&-2\zeta\end{bmatrix}_{(x_1,x_2)=(\pi,0)}=\begin{bmatrix}0&1\\\omega_0^2&-2\zeta\end{bmatrix}\end{aligned}\tag{c}$$

系统关于平衡点的特征方程和特征值分别为

$$\begin{aligned}&(0,0):\ \lambda^2+2\zeta\lambda+\omega_0^2=0,\ \lambda_{1,2}=-\zeta\pm\sqrt{\zeta^2-\omega_0^2}\\&(\pi,0):\ \lambda^2+2\zeta\lambda-\omega_0^2=0,\ \lambda_{1,2}=-\zeta\pm\sqrt{\zeta^2+\omega_0^2}\end{aligned}\tag{d}$$

可以看出：关于平衡点(0,0)(即摆铅垂位置)的稳定性，由(d)可知：在参数取值为正的情况下，特征值的实部均为负。根据李雅普诺夫稳定定理 1，非线性系统(a)的零平衡解是渐近稳定的，即含阻尼的单摆在铅锤平衡是渐近稳定的。但当单

摆无阻尼时，即：$\zeta=0$，则特征值为纯虚根，即

$$\lambda_{1,2}=\pm \mathrm{i}\omega_0 \tag{e}$$

根据李雅普诺夫稳定定理3，此时无法判断原非线性方程零解稳定性。

关于平衡点$(\pi,0)$（即摆垂直向上的位置）的稳定性，由式(d)可知：在参数允许取值情况下，特征值的实部均会出现正值。根据李雅普诺夫稳定定理2，非线性系统(a)在该平衡点是不稳定的。

例 6.4 试讨论以下非线性系统零解的稳定性。

$$\left.\begin{aligned}\dot{x}_1&=-x_2+ax_1^3\\ \dot{x}_2&=x_1+ax_2^3\end{aligned}\right\} \tag{a}$$

解 方程(a)的在零解的雅可比矩阵为

$$\boldsymbol{J}_{(0,0)}=\begin{bmatrix}3ax_1^2 & -1\\ 1 & 3ax_2^2\end{bmatrix}_{(x_1,x_2)=(0,0)}=\begin{bmatrix}0 & -1\\ 1 & 0\end{bmatrix} \tag{b}$$

对应的特征方程和特征值为

$$\lambda^2+1=0,\ \lambda_{1,2}=\pm i \tag{c}$$

由于存在实部为零的特征根，根据李雅普诺夫稳定性定理3，原方程(a)零解的稳定性不能确定。

6.3.4 劳斯-赫尔维茨判据

以上分析表明，一次近似方程的全部特征值实部为负是原方程的零解渐近稳定的充分必要条件。但由于高阶代数方程没有解析解，基于特征根实部来判断解的稳定性并非易事。1895年提出的劳斯-赫尔维茨判据给出了判别特征方程的特征根实部为负的实用方法。

设线性微分方程组(6.11)的特征方程展开后的一般形式为

$$a_0\lambda^n+a_1\lambda^{n-1}+\cdots+a_{n-1}\lambda+a_n=0 \tag{6.22}$$

定理1：特征方程(6.22)的特征根实部为负的必要条件为：特征方程的所有系数均大于零，即：$a_i>0,\ i=1,2,\cdots,n$。

为了讨论特征根实部为负的充分必要条件，下面首先构造赫尔维茨矩阵 $\boldsymbol{H}$。为此，将方程(6.22)的系数按以下规则构成 $n\times n$ 阶的方阵：

(a)将 $a_1,a_2,\cdots,a_n$ 依次排列为对角线元素。

(b)任意第 k 行内，自对角线元素 a_k 向左的元素依次按 $a_{k+1},a_{k+2},\cdots,a_n$ 排列，a_n 以后的元素为零。

(c)自 a_k 向右的元素依次按 $a_{k-1},a_{k-2},\cdots,a_0$ 排列，a_0 以后的元素为零。

$$\boldsymbol{H}=\begin{bmatrix} a_1 & a_0 & 0 & 0 & 0 & 0 & \cdots & 0 \\ a_3 & a_2 & a_1 & a_0 & 0 & 0 & \cdots & 0 \\ a_5 & a_4 & a_3 & a_2 & a_1 & a_0 & & 0 \\ \vdots & \vdots & \vdots & \vdots & \vdots & \vdots & & \vdots \\ 0 & 0 & 0 & 0 & 0 & 0 & \cdots & a_n \end{bmatrix} \tag{6.23}$$

$\boldsymbol{H}$ 矩阵的 n 个主子行列式 H_i，$i=1,2,\cdots,n$ 称为多项式(6.13)的赫尔维茨行列式

$$H_1=a_1,\ H_2=\begin{vmatrix} a_1 & a_0 \\ a_3 & a_2 \end{vmatrix},\ H_3=\begin{vmatrix} a_1 & a_0 & 0 \\ a_3 & a_2 & a_1 \\ a_5 & a_4 & a_3 \end{vmatrix},\cdots \tag{6.24}$$

定理2:代数方程(6.22)所有根的实部为负的充分必要条件为:所有赫尔维茨行列式均大于零,即

$$H_k>0,\quad k=1,2,\cdots,n \tag{6.25}$$

对于几种特征方程为低阶代数方程的情形,表6.1列出了具体的劳斯-赫尔维茨稳定性判据的表达式。

表6.1　低阶特征方程的劳斯-赫尔维茨判据

n	稳定性条件		稳定性边界	
			单调发散	振动发散
2	$a_i>0,i=0,1,2$	$H_1=a_1>0$	$a_2=0$	$H_1=0$
3	$a_i>0,i=0,1,2,3$	$H_2=a_1a_2-a_0a_3>0$	$a_3=0$	$H_2=0$
4	$a_i>0,i=0,1,2,3,4$	$H_3=a_1(a_2a_3-a_1a_4)-a_0a_3^2>0$	$a_4=0$	$H_3=0$
5	$a_i>0$, $i=0,1,2,3,4,5$	$H_4=(a_1a_2-a_0a_3)(a_3a_4-a_2a_5)-(a_1a_4-a_0a_5)^2>0$ $H_2=a_1a_2-a_0a_3>0$	$a_5=0$	$H_4=0$

例6.5　讨论下面三维非线性系统零解的稳定性。

$$\left.\begin{aligned} \dot{x}_1 &=-x_1-x_2+x_3 \\ \dot{x}_2 &= x_1-x_2+2x_3+2x_2(x_1^2+x_2^2+x_3^2) \\ \dot{x}_3 &=-x_1-2x_2-x_3+3x_3(x_1^2+x_2^2+x_3^2) \end{aligned}\right\} \tag{a}$$

解　方程(a)的零解所对应的雅可比矩阵为

$$\boldsymbol{J}_{(x_1,x_2,x_3)=(0,0,0)}=\begin{bmatrix} -1 & -1 & 1 \\ 1 & -1 & 2 \\ -1 & -2 & -1 \end{bmatrix} \tag{b}$$

对应的特征方程为 $\lambda^3+3\lambda^2+9\lambda+8=0$ (c)

参照表 6.1 可知 $a_i>0, i=0,1,2,3$

且 $H_2 = a_1a_2 - a_0a_3 = 3\times 9 - 8\times 1 = 19 > 0$

所以,方程(a)的零解是渐近稳定的。

6.3.5 机械系统的稳定性

工程中的机械系统除受到重力和弹性恢复力等保守力作用外,还受到各种阻尼因素影响,即:阻尼力。此外,带有旋转部件的机械系统在运动过程中,会出现由科氏惯性力所引起的陀螺力。因此,一般机械系统的线性化动力学方程中包含有:保守力、阻尼力和陀螺力。基于本节介绍的稳定性判别定理可以对线性机械系统稳定性的普遍规律进行总结。

1. 机械系统的线性化方程的一般形式

n 自由度机械系统的线性化动力学方程的一般形式通常可以写为下面二阶齐次微分方程组形式(忽略外激励力):

$$\boldsymbol{M}\ddot{\boldsymbol{x}} + (\boldsymbol{C}+\boldsymbol{G})\dot{\boldsymbol{x}} + (\boldsymbol{K}+\boldsymbol{N})\boldsymbol{x} = 0 \tag{6.26}$$

其中,$n\times n$ 方阵 $\boldsymbol{M}$,$\boldsymbol{K}$,$\boldsymbol{C}$,$\boldsymbol{G}$ 和 $\boldsymbol{N}$ 分别称为系统的质量阵、刚度阵、阻尼阵、陀螺阵和随体阵。

各个矩阵的有如下主要特征:质量阵 $\boldsymbol{M}$ 不仅为对称阵,而且是正定的。阻尼阵对应于与速度成正比的力,若阻尼阵 $\boldsymbol{C}$ 为半正定的,则系统耗能;若阻尼阵 $\boldsymbol{C}$ 是半负定的,则系统吸收能量;若阻尼阵 $\boldsymbol{C}$ 是正定的,则系统为完全阻尼系统。陀螺阵 $\boldsymbol{G}$ 为反对称阵,对应于牵连运动为转动所产生的哥氏力,亦即陀螺力且不改变系统的能量。刚度阵 $\boldsymbol{K}$ 通常为对称矩阵,对应于保守力,如弹簧恢复力或重力等。随体阵 $\boldsymbol{N}$ 对应于非保守的随体力,也是由转动的牵连运动产生。

在例 3.3 中转盘上的弹簧-滑块系统中,若同时考虑滑块还受到与弹簧平行的、相互正交的阻尼器(阻尼系数为 c)的作用,则该系统的运动方程具有(6.26)的形式。其中各矩阵定义为

$$\boldsymbol{M} = \begin{pmatrix} m & 0 \\ 0 & m \end{pmatrix},\ \boldsymbol{C} = \begin{pmatrix} c & 0 \\ 0 & c \end{pmatrix},\ \boldsymbol{G} = \begin{pmatrix} 0 & -2m\Omega \\ 2m\Omega & 0 \end{pmatrix}$$

$$\boldsymbol{K} = \begin{pmatrix} k & 0 \\ 0 & k \end{pmatrix},\ \boldsymbol{N} = \begin{bmatrix} -m\Omega^2 & 0 \\ 0 & -m\Omega^2 \end{bmatrix},\ \boldsymbol{x} = \begin{pmatrix} x \\ y \end{pmatrix}$$

2. 机械系统的稳定性定理

对于线性系统(6.26)表示的机械系统线性化扰动方程的普遍形式,其零解的

稳定性问题可以同样化为关于 $2n$ 阶特征代数方程所决定的特征根实部的讨论。在下面讨论中将方程位移前的系数矩阵统一看作为刚度阵(即:$\boldsymbol{K} \triangleq \boldsymbol{K}+N$)。为此,有如下开尔文-泰特-切塔耶夫定理,或简称开尔文定理。

定理 1:对于保守系统($\boldsymbol{M}\neq 0,\boldsymbol{K}\neq 0,\boldsymbol{C}=\boldsymbol{G}=0$),刚度矩阵 $\boldsymbol{K}$ 的正定性是零解稳定性的充分必要条件。

定理 2:对于保守-阻尼系统($\boldsymbol{M}\neq 0,\boldsymbol{K}\neq 0,\boldsymbol{C}\neq 0,\boldsymbol{G}=0$),若保守系统稳定,即 $\boldsymbol{K}$ 为正定,则阻尼矩阵 $\boldsymbol{C}$ 的加入不影响系统的零解稳定性。若为完全阻尼,即 $\boldsymbol{C}$ 为正定,则系统转为渐近稳定。若保守系统不稳定,则加入阻尼矩阵 $\boldsymbol{C}$ 后系统仍不稳定。

定理 3:对于保守-陀螺系统($\boldsymbol{M}\neq 0,\boldsymbol{K}\neq 0,\boldsymbol{G}\neq 0,\boldsymbol{C}=0$),若保守系统稳定,即 $\boldsymbol{K}$ 为正定,则陀螺矩阵 $\boldsymbol{G}$ 的加入不影响系统的零解稳定性。若保守系统不稳定,且不稳定度(具有正实部本征值的数目)为偶数,则 $\boldsymbol{G}$ 的加入有可能使系统转为稳定。若不稳定度为奇数,则 $\boldsymbol{G}$ 的加入不可能改变系统的不稳定性。

定理 4:对于保守-陀螺-阻尼系统($\boldsymbol{M}\neq 0,\boldsymbol{K}\neq 0,\boldsymbol{C}\neq 0,\boldsymbol{G}\neq 0$),若保守系统稳定,即 $\boldsymbol{K}$ 为正定,则 $\boldsymbol{G}$ 和 $\boldsymbol{C}$ 的加入不影响系统的零解稳定性。若为完全阻尼,即 $\boldsymbol{C}$ 为正定,则系统转为渐近稳定,且不受 $\boldsymbol{G}$ 加入的影响。若保守系统不稳定,且 $\boldsymbol{C}$ 为完全阻尼,由于 $\boldsymbol{C}$ 的存在,不可能借 $\boldsymbol{G}$ 的加入改变系统的不稳定性。

定理 1 可由拉格朗日定理导出,由势能函数 V 的正定性,且 $\boldsymbol{K}$ 矩阵构成二次型导出。定理 2 说明阻尼力的加入对系统的稳定性无本质性影响。而定理 3 则说明有利用陀螺力可能使原来不稳定的系统转为稳定。定理 4 表明:若系统存在阻尼,且为完全阻尼,则陀螺力不可能起到镇定作用。

例 6.6 以例 3.3 中转盘上的弹簧-滑块系统在考虑阻尼器情形为例,分析平衡位置的稳定性。

解 考虑阻尼器的簧-滑块系统的方程有如下矩阵形式

$$\boldsymbol{M}\ddot{\boldsymbol{x}}+(\boldsymbol{C}+\boldsymbol{G})\dot{\boldsymbol{x}}+\boldsymbol{K}\boldsymbol{x}=0 \tag{a}$$

各矩阵定义为

$$\left.\begin{aligned}&\boldsymbol{M}=\begin{pmatrix}m & 0\\0 & m\end{pmatrix},\ \boldsymbol{C}=\begin{pmatrix}c & 0\\0 & c\end{pmatrix},\ \boldsymbol{G}=\begin{pmatrix}0 & -2m\Omega\\2m\Omega & 0\end{pmatrix}\\&\boldsymbol{K}=\begin{bmatrix}k-m\Omega^2 & 0\\0 & k-m\Omega^2\end{bmatrix},\ \boldsymbol{x}=\begin{pmatrix}x\\y\end{pmatrix}\end{aligned}\right\} \tag{b}$$

系统(a)对应的特征方程为

$$a_0s^4+a_1s^3+a_2s^2+a_3s+a_4=0 \tag{c}$$

其中,$a_0=m^2$,$a_1=2mc$,$a_2=2m(k+m\Omega^2)+c^2$,$a_3=2c(k-m\Omega^2)$,$a_4=(k-$

$m\Omega^2)^2$。

(1)首先,讨论无阻尼的质量-陀螺-弹簧保守系统,即 $c=0$。此时,特征方程(c)简化为

$$a_0 s^4 + a_2 s^2 + a_4 = 0 \tag{d}$$

根据开尔文定理1,系统零解稳定性的条件为:若 $k>m\Omega^2$,则 $\boldsymbol{K}$ 为正定,保守系统的零解稳定。若 $k<m\Omega^2$,则 $\boldsymbol{K}$ 为负定,零解不稳定但不稳定度为2。此时,考虑加入陀螺矩阵 $\boldsymbol{G}$ 的影响,其特征方程变为如下具体形式

$$m^2\lambda^4 + 2m(k+m\Omega^2)\lambda^2 + (k-m\Omega^2)^2 = 0$$

可以解出

$$\lambda^2 = -\left(\Omega^2+\frac{k}{m}\right) \pm 2\Omega\sqrt{\frac{k}{m}} \tag{e}$$

由于

$$\left(\Omega-\sqrt{\frac{k}{m}}\right)^2 = \Omega^2+\frac{k}{m}-2\Omega\sqrt{\frac{k}{m}} > 0 \tag{f}$$

即

$$\Omega^2+\frac{k}{m} > 2\Omega\sqrt{\frac{k}{m}} \tag{f}$$

因此,式(e)中的两个根均为负,而特征根均为纯虚数。从而证实了:由于陀螺项的存在,无论保守系统地刚度阵是否正定,仍可能使系统的零解保持稳定。

(2)其次,讨论保守(质量-弹簧)-陀螺-阻尼系统的零解稳定性,此时在(1)基础上加入阻尼矩阵 $\boldsymbol{C}$。由于阻尼系数 $c>0$,系统具有完全阻尼。

可以看出:特征方程(c)的系数均大于零,且

$$H_3 = a_3(a_1a_2 - a_0a_3) - a_1^2a_4 = 4mc^2(k-m\Omega^2)(4m^2\Omega^2+c^2) \tag{g}$$

可以看出:若保守系统稳定,即:$k>m\Omega^2$ 时,加入 $\boldsymbol{G}$ 和 $\boldsymbol{C}$ 时,不影响系统的稳定性,若 $\boldsymbol{C}$ 正定,即为完全阻尼时,$H_3>0$,因此,系统为渐近稳定,符合开尔文定理4。

6.4 李雅普诺夫直接法

上一节介绍的李雅普诺夫间接法,或一阶近似扰动的稳定性判别方法,需要通过求解关于解的一阶近似扰动方程对应的特征方程的特征根,来判断系统解的稳定性。李雅普诺夫基于能量函数及其演化特征可用来对系统平衡解的稳定性进行判断的事实,通过抽象出能量函数的本质性特征并构造具有相应性质的标量函数(称为**李雅普诺夫函数**),从而提出一种研究运动稳定性的**李雅普诺夫直接方法**。

该方法通过计算李雅普诺夫函数沿系统方程的全导数，将稳定性与系统方程演化相联系，通过估计受扰运动解随时间的变化趋势判断系统的稳定性。李雅普诺夫直接方法发展和深化了判断保守系统平衡稳定性的拉格朗日定理。

6.4.1　基于能量函数的稳定性分析

下面首先通过保守系统的能量函数及其与系统稳定性关系的讨论来认识李雅普诺夫直接方法的出发点。由 3.3 节可知：单自由度保守系统的（雅克比）能量函数可写为

$$h(q,\dot{q},t)=\dot{q}\frac{\partial L}{\partial \dot{q}}-L(q,\dot{q},t) \tag{6.27}$$

当该能量函数中不显含时间时，亦即拉格朗日函数不显含时间 t 时，由保守系统的拉格朗日方程可以推导出系统的能量积分

$$h(q,\dot{q})=C \tag{6.28}$$

其中，常数 C 由初始条件确定。若令变量 $x=q$, $y=\dot{q}$，则上式几何上表示为相空间中的一条封闭曲线，其实际就是保守系统的能级曲线。若将(6.28)对时间取全导数，可得

$$\frac{\mathrm{d}h}{\mathrm{d}t}=\frac{\partial h}{\partial x}\dot{x}+\frac{\partial h}{\partial y}\dot{y}=\mathbf{grad}h\cdot(\dot{x},\dot{y})=0 \tag{6.29}$$

由于函数 $h(x,y)$ 的梯度（或外法线）与能级曲线垂直，上式表明：相速度与能级曲线相切。由此可知系统动力学的演化特征，即：系统将在初始能级曲线上运动。

例如：质量-弹簧系统构成的简谐振子方程为

$$m\ddot{q}+kq=0$$

相应的拉格朗日函数为：$L(q,\dot{q})=\frac{1}{2}m\dot{q}^2-\frac{1}{2}kq^2$。

对应的雅克比能量函数为：$h(q,\dot{q})=\frac{1}{2}m\dot{q}^2+\frac{1}{2}kq^2$。

由于拉格朗日函数不显含时间，因此有能量积分，且基于式(6.29)可知：其相轨迹有如图 6.11(a)所示的形式。由此可以判断，在原点的平衡点是稳定的。

对于非保守的系统，拉格朗日方程有如下形式

$$\frac{\mathrm{d}}{\mathrm{d}t}\left(\frac{\partial L}{\partial \dot{q}}\right)-\frac{\partial L}{\partial q}=Q \tag{6.30}$$

其中，Q 为非保守力对应的广义力。此时，可以推得拉格朗日函数不显含时间时，雅克比能量函数对时间的导数为

$$\frac{\mathrm{d}h}{\mathrm{d}t}=\dot{q}Q$$

或类似于式(6.28),令变量 $x=q,\ y=\dot{q}$,则有

$$\frac{\partial h}{\partial x}\dot{x}+\frac{\partial h}{\partial y}\dot{y}=\mathbf{grad}h\cdot(\dot{x},\dot{y})=yQ \tag{6.31}$$

在上述简谐振子系统中考虑与速度成正比的阻尼项后,运动方程有如下形式

$$m\ddot{q}+c\dot{q}+kq=0$$

此时,非保守的阻尼力对应的广义力为:$Q=-c\dot{q}=-cy$。代入式(6.31)可知

$$\frac{\partial h}{\partial x}\dot{x}+\frac{\partial h}{\partial y}\dot{y}=\mathbf{grad}h\cdot(\dot{x},\dot{y})=-cy^2$$

上式表明:相速度矢量与能级曲线的梯度方向的夹角总是大于 90°。因为,能量梯度总是指向能量增加的方向(为能级曲线的外法线),所以,系统运动的相轨迹总是朝向能级曲线的内部、能级低的方向,并趋向原点,如图 6.11(b)所示。由此可以判断,在原点的平衡点是渐近稳定的。

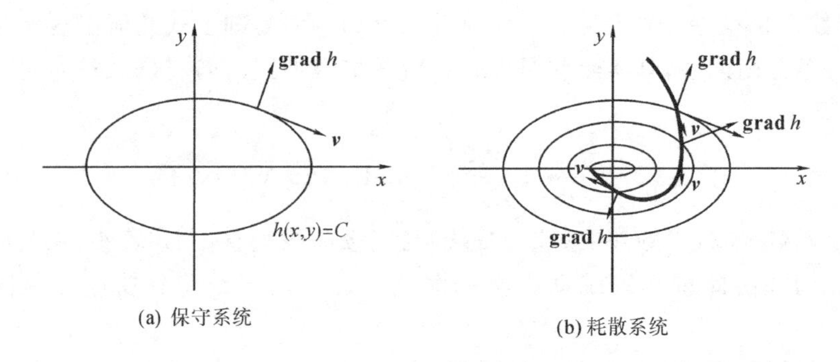

图 6.11 相平面内能量函数的梯度与能级曲线上速度向量的关系

6.4.2 标量函数的定号性质

设函数 $V(\boldsymbol{x})$是 n 维状态空间 $\boldsymbol{x}=(x_1,x_2,\cdots,x_n)^{\mathrm{T}}$ 原点邻域内的单值连续标量函数,则该函数的定号性质由下述定义给出。

定义 1:若函数 $V(\boldsymbol{x})$仅在 $\boldsymbol{x}=\mathbf{0}$ 时取零值,即:$V(\mathbf{0})=0$,而对 $\boldsymbol{x}=\mathbf{0}$ 任意邻域内的点,函数恒取正值(或恒取负值),即有:$\boldsymbol{x}\neq\mathbf{0}$,$V(\boldsymbol{x})>0$(或 $V(\boldsymbol{x})<0$),则函数 $V(\boldsymbol{x})$称为正定(或负定)函数。

定义 2:若函数 $V(\boldsymbol{x})$仅在 $\boldsymbol{x}=\mathbf{0}$ 时取零值,即:$V(\mathbf{0})=0$,而对 $\boldsymbol{x}=\mathbf{0}$ 任意邻域内的点,函数取非负值(或非正值),即有:$\boldsymbol{x}\neq0$,$V(\boldsymbol{x})\geqslant0$(或 $V(\boldsymbol{x})\leqslant0$),则函数 $V(\boldsymbol{x})$称为半正定(或半负定)函数。

定义 3：若函数 $V(\boldsymbol{x})$在 $\boldsymbol{x}=\boldsymbol{0}$ 时取零值，即：$V(\boldsymbol{0})=0$，而对 $\boldsymbol{x}=\boldsymbol{0}$ 任意邻域内的点，函数既可取正值，也可取负值，则函数 $V(\boldsymbol{x})$称为不定(号)函数。

根据上述定义可知：函数 $V(\boldsymbol{x})=x_1^2+x_2^2+x_3^2$ 为正定函数。而函数 $V(\boldsymbol{x})=(x_1+x_2)^2+x_3^2$ 为半正定函数，因为在 $x_1=-x_2\neq0$，$x_3=0$ 时，函数等于零。对于函数 $V(\boldsymbol{x})=x_1^2+x_2^2-x_3^2$ 则显然为不定函数。

6.4.3　李雅普诺夫稳定性定理

在此将仅限讨论系统方程右端不显含时间 t 的情形，即自治系统

$$\dot{\boldsymbol{x}}=\boldsymbol{F}(\boldsymbol{x}) \tag{6.32}$$

零解的稳定性。为此，构造一个标量函数 $V(\boldsymbol{x})$，然后讨论该函数随时间的变化率，即

$$\frac{\mathrm{d}V}{\mathrm{d}t}=\frac{\partial V}{\partial x_1}\dot{x}_1+\frac{\partial V}{\partial x_2}\dot{x}_2+\cdots+\frac{\partial V}{\partial x_n}\dot{x}_n=\mathbf{grad}V\cdot\dot{\boldsymbol{x}} \tag{6.33}$$

因为系统的向量场满足式(6.32)，所以，式(6.33)可以写做

$$\frac{\mathrm{d}V}{\mathrm{d}t}=\mathbf{grad}V\cdot F(x) \tag{6.34}$$

即通过代入系统的方程就可以对解的稳定性进行判别。

而基于李雅普诺夫直接方法的稳定性判别主要依据以下三个定理：

第一稳定性定理： 构造一个可微的正定函数 $V(\boldsymbol{x})$，沿扰动方程(6.32)的解曲线计算其全导数 $\dot{V}$，若 $\dot{V}$ 为半负定或等于零，则系统的未扰运动是稳定的。

第二稳定性定理： 构造一个可微的正定函数 $V(\boldsymbol{x})$，沿扰动方程(6.32)解曲线计算其全导数 $\dot{V}$，若 $\dot{V}$ 为负定，则系统的未扰运动是渐近稳定的。

李雅普诺夫不稳定定理： 构造一个可微正定、半正定或不定号的函数 $V(\boldsymbol{x})$，沿扰动方程(6.32)解曲线计算其全导数 $\dot{V}$，若 $\dot{V}$ 为正定，则系统的未扰运动是不稳定的。

例 6.7　试讨论例 6.4 非线性系统的零解稳定性。

$$\left.\begin{aligned}\dot{x}_1&=-x_2+ax_1^3\\ \dot{x}_2&=x_1+ax_2^3\end{aligned}\right\} \tag{a}$$

解　选择正定李雅普诺夫函数

$$V(x_1,x_2)=x_1^2+x_2^2 \tag{b}$$

计算 V 沿方程(a)解曲线的全导数。得到

$$\dot{V}=\frac{\partial V}{\partial x_1}\dot{x}_1+\frac{\partial V}{\partial x_2}\dot{x}_2=2a(x_1^4+x_2^4) \tag{c}$$

在例 6.4 中一阶扰动近似的李雅普诺夫间接法无法判断零解的稳定性，因为从(c)可以看出：零解稳定性取决于非线性项的系数 a。当 $a<0$ 时，$\dot{V}$ 为负定，原方程的零解为渐近稳定；当 $a=0$ 时，$\dot{V}$ 恒等于零，零解为稳定；当 $a>0$ 时，$\dot{V}$ 为正定，零解是不稳定。

例 6.8　用李雅普诺夫直接方法判断以下系统的零解稳定性

$$\left.\begin{aligned} \dot{x}_1 &= -x_1 - 3x_2 - x_1^3 \\ \dot{x}_2 &= 2x_1 - 5x_2^3 \end{aligned}\right\} \tag{a}$$

解　若选正定的函数

$$V(x_1, x_2) = x_1^2 + x_2^2 \tag{b}$$

计算 V 沿方程(a)解曲线的全导数，得到

$$\dot{V} = \frac{\partial V}{\partial x_1}\dot{x}_1 + \frac{\partial V}{\partial x_2}\dot{x}_2 = -2x_1^2 - 2x_1x_2 - 2x_1^4 - 10x_2^4 \tag{c}$$

此时，无法得出 $\dot{V}$ 的定号性质，无法判断系统未扰运动的稳定性。为此，选择更为通用的李雅普诺夫函数构造方法，引入待定的正系数，形式如下

$$V(x_1, x_2) = x_1^2 + ax_2^2,\ a > 0 \tag{d}$$

计算(d)中的函数 V 沿方程(a)解曲线的全导数，得到

$$\dot{V} = \frac{\partial V}{\partial x_1}\dot{x}_1 + \frac{\partial V}{\partial x_2}\dot{x}_2 = -2x_1^2 - (6-4a)x_1x_2 - 2x_1^4 - 10ax_2^4 \tag{e}$$

可以看出：当 $a=3/2$ 时，(d)式给出正定的李雅普诺夫函数，而(e)式的函数为负定的。因此，系统(a)的零解是渐近稳定的。

例 6.9　用李雅普诺夫直接方法判断以下系统的零解稳定性

$$\left.\begin{aligned} \dot{x}_1 &= x_1 - x_2 + x_3 \\ \dot{x}_2 &= x_1 + x_2 + 2x_3 + 2x_2(x_1^2 + x_2^2 + x_3^2) \\ \dot{x}_3 &= -x_1 - 2x_2 + x_3 + 3x_3(x_1^2 + x_2^2 + x_3^2) \end{aligned}\right\} \tag{a}$$

解　选择正定的李雅普诺夫函数

$$V(x_1, x_2) = \frac{1}{2}(x_1^2 + x_2^2 + x_3^2) \tag{b}$$

计算 V 沿方程(a)解曲线的全导数，得到

$$\begin{aligned} \dot{V} &= \frac{\partial V}{\partial x_1}\dot{x}_1 + \frac{\partial V}{\partial x_2}\dot{x}_2 + \frac{\partial V}{\partial x_3}\dot{x}_3 \\ &= (1 + 2x_2^2 + 3x_3^2)(x_1^2 + x_2^2 + x_3^2) \end{aligned} \tag{c}$$

由于 $\dot{V}$ 是正定的，所以，系统的未扰运动是不稳定的。

例 6.10 质量为 m 的小球在半径为 R 以 ω_0 绕铅直轴转动的圆环管内滑动，除重力外，小球受到与相对速度成正比的阻力(如图 6.11 所示)。试求小球平衡位置，并利用李雅普诺夫直接方法分析各平衡位置的稳定性。

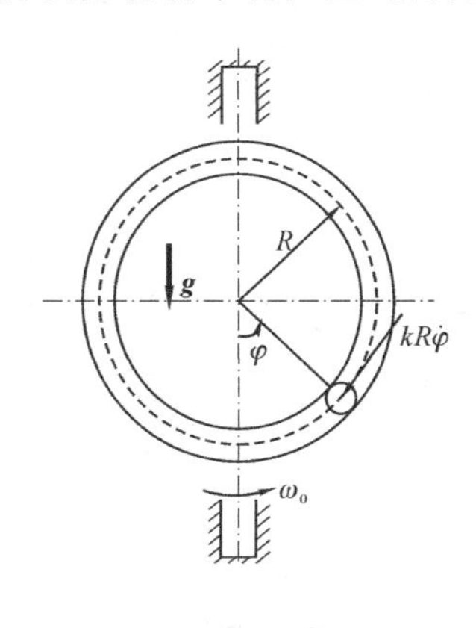

图 6.11

解 以小球偏离铅直线的角度 φ 为广义坐标。

系统的动能为

$$T=\frac{1}{2}mR^2(\dot{\varphi}^2+\omega_0^2\sin^2\varphi)$$

系统的势能为

$$V=-mgR\cos\varphi$$

系统的瑞利耗散函数为

$$D=\frac{1}{2}kR^2\dot{\varphi}^2$$

小球的运动方程为

$$mR\ddot{\varphi}+kR\dot{\varphi}+(mg-mR\omega_0^2\cos\varphi)\sin\varphi=0 \tag{a}$$

令 $x_1=\varphi$, $x_2=\dot{\varphi}$,(a)可以写做

$$\left.\begin{aligned}\dot{x}_1&=x_2\\ \dot{x}_2&=-\frac{k}{m}x_2+\sin x_1\left(\omega_0^2\cos x_1-\frac{g}{R}\right)\end{aligned}\right\} \tag{b}$$

令 $\dot{x}_1=\dot{x}_2=0$,可求得小球的相对平衡位置

$$(x_1^*,x_2^*):(0,0),\ \left(\arccos\left(\frac{g}{\omega_0^2R}\right),0\right),\ (\pi,0) \tag{c}$$

可以看出:当 $\omega_0<\sqrt{g/R}$时,第二个平衡位置不存在,其只有当 $\omega_0\geqslant\sqrt{g/R}$时

才存在。关于三个平衡位置的稳定性分析如下：

选取系统的能量函数，即哈密顿函数作为李雅普诺夫函数，有

$$V = H = \frac{1}{2}mR^2(x_2^2 - \omega_0^2\sin^2 x_1 - \frac{2g}{R}\cos x_1) \tag{d}$$

计算 V 沿方程(b)解曲线的全导数，得到

$$\begin{aligned}\dot{V} &= \frac{\partial V}{\partial x_1}\dot{x}_1 + \frac{\partial V}{\partial x_2}\dot{x}_2 \\ &= \left[\frac{1}{2}mR^2(-2\omega_0^2\sin x_1\cos x_1 + \frac{2g}{R}\sin x_1)\right]\dot{x}_1 + \left[\frac{1}{2}mR^2 \cdot 2x_2\right]\dot{x}_2 \\ &= x_2 mR^2\sin x_1(-\omega_0^2\cos x_1 + \frac{g}{R}) + x_2 mR^2\left[-\frac{k}{m}x_2 + \sin x_1\left(\omega_0^2\cos x_1 - \frac{g}{R}\right)\right] \\ &= -kR^2x_2^2\end{aligned} \tag{e}$$

因为在三个平衡位置附近有 $x_2 \neq 0$，所以 $\dot{V}$ 为负定函数。为了判断平衡位置的稳定性还需要确定(d)中李雅普诺夫函数在三个平衡位置处的定号性质。

为此，将扰动 $\Delta x_1 = x_1 - x_1^*$，$\Delta x_2 = x_2 - x_2^*$ 代入式(d)，并略去不影响函数定号性的 Δx_1，Δx_2 的三阶及以上小量，导出受扰动后的哈密顿函数

$$H = \frac{mR}{2}[2\sin x_1^*(g - R\omega_0^2\cos x_1^*)\Delta x_1 + (g\cos x_1^* - R\omega_0^2\cos 2x_1^*)\Delta x_1^2 + R\Delta x_2^2] \tag{f}$$

将第一个平衡位置代入式(f)中，此时有

$$H = \frac{mR}{2}[(g - R\omega_0^2)\Delta x_1^2 + R\Delta x_2^2] \tag{g}$$

显然：当 $\omega_0 < \sqrt{g/R}$ 时，H 为正定，根据第二稳定性定理，平衡位置(0,0)为渐近稳定。

将第二个平衡位置代入式(f)中，此时有

$$H = \frac{mR}{2}\left[\frac{(R\omega_0^2 - g)}{R\omega_0^2}\Delta x_1^2 + R\Delta x_2^2\right] \tag{h}$$

显然：当 $\omega_0 > \sqrt{g/R}$ 时，H 为正定，根据第二稳定性定理，平衡位置 $\left(\arccos\left(\frac{g}{\omega_0^2 R}\right), 0\right)$ 稳定。

将第三个平衡位置代入式(e)中，此时有

$$H = \frac{mR}{2}[-(g + R\omega_0^2)\Delta x_1^2 + R\Delta x_2^2] \tag{i}$$

显然,此时 H 为不定号函数,从三个稳定性定理无法给出关于第三个平衡位置的稳定性判断。为此,需要重新构造合适的李雅普诺夫函数来研究该平衡位置的稳定性,该问题留给读者思考。从物理直观上可知:第三个平衡位置是不稳定的。

6.4.4　关于拉格朗日定理的讨论

基于李雅普诺夫直接方法可以证明,拉格朗日定理适用于任意自由度的保守系统。亦即:若势能 V 在平衡位置取孤立极小值,则保守系统的平衡稳定。进一步,切塔耶夫(Chetayev)证明了:若势能 V 在平衡位置不具有孤立极小值,且 V 为广义坐标的 m 次齐函数($m\geqslant 2$),则保守系统的平衡不稳定。该定理也称作切塔耶夫定理。

对于参考坐标系作匀速转动的系统,如例 6.10 所讨论的系统,当其受非保守力(如阻尼力)作用时,该非定常约束的保守系统存在广义能量积分

$$\begin{aligned} H &= T_2 + V^* = T_2 + (V - T_0) \\ &= \frac{1}{2}mR^2\left[\dot{\varphi}^2 + \left(-\frac{2g}{R}\cos\varphi - \omega_0^2\sin^2\varphi\right)\right] \end{aligned} \tag{6.35}$$

式(6.35)可理解为:**系统在动坐标系内运动的相对动能与相对势能之和**。因 H 对时间的导数恒为负(见例 6.10(e)),若将 H 选为李雅普诺夫函数,只需要确定 H 的定号性质,即可判断相对平衡位置的稳定性。不难证明:**匀速转动坐标系内系统相对平衡稳定性的充分条件为:相对势能 V^* 取孤立极小值。**因此拉格朗日定理有更广泛的适用范围。

例 6.11　利用拉格朗日定理分析例 6.10 中的小球在转动圆环管内作无摩擦滑动时,相对平衡位置稳定性。

解　由例 6.10 的动能和势能可知,相对势能为

$$V^* = -mgR\cos\varphi - \frac{1}{2}mR^2\omega_0^2\sin^2\varphi$$

根据 $\partial V^*/\partial\varphi = 0$ 可导出小球的相对平衡位置

$$\varphi_{s1} = 0,\ \varphi_{s2} = \arccos\left(\frac{g}{R\omega_0^2}\right),\ \varphi_{s3} = \pi \tag{a}$$

相对平衡位置的稳定性取决于相对势能 V^* 是否为孤立极小值,为此求得

$$\frac{\partial^2 V^*}{\partial\varphi^2} = mR(g\cos\varphi - R\omega_0^2\cos 2\varphi) \tag{b}$$

将式(a)中各平衡位置代入(b),可得

$$\left.\begin{aligned}\left(\frac{\partial^2 V^*}{\partial \varphi^2}\right)_{\varphi=\varphi_{s1}} &= mR(g - R\omega_0^2)\\ \left(\frac{\partial^2 V^*}{\partial \varphi^2}\right)_{\varphi=\varphi_{s2}} &= mR^2\omega_0^2\left[1-\left(\frac{g}{R\omega_0^2}\right)^2\right]\\ \left(\frac{\partial^2 V^*}{\partial \varphi^2}\right)_{\varphi=\varphi_{s3}} &= -mR(g + R\omega_0^2)\end{aligned}\right\} \tag{c}$$

从(c)可得出结论:当 $\omega_0 < \sqrt{g/R}$时,平衡位置 φ_{s1} 稳定,且平衡位置 φ_{s2} 不存在;当 $\omega_0 > \sqrt{g/R}$时,平衡位置 φ_{s2} 稳定,平衡位置 φ_{s1} 不稳定;平衡位置 φ_{s3} 总是不稳定。

习 题

6.1 求出下列方程的平衡点,并用李雅普诺夫间接法分析每个平衡点的稳定性。

$$\left.\begin{aligned}\dot{x}_1 &= x_2(1 + x_1 - x_2^2)\\ \dot{x}_2 &= x_1(1 + x_2 - x_1^2)\end{aligned}\right\}$$

6.2 求出下列方程的平衡点,并用李雅普诺夫间接法分析每个平衡点的稳定性。

$$\left.\begin{aligned}\dot{x}_1 &= x_2(1 - x_1 - x_3)\\ \dot{x}_2 &= x_2 - x_3\\ \dot{x}_3 &= x_3 - x_3^2\end{aligned}\right\}$$

6.3 利用劳斯-赫尔维茨判据判断以下系统的零解稳定性。

$$\left.\begin{aligned}\dot{x}_1 &= -2x_1 + 2x_2 - 3x_3\\ \dot{x}_2 &= 2x_1 + x_2 - 6x_3\\ \dot{x}_3 &= -x_1 - 2x_2\end{aligned}\right\}$$

6.4 利用劳斯-赫尔维茨判据确定系数 C,使得以下系统的零解稳定。

$$\left.\begin{aligned}\dot{x}_1 &= -x_1 + x_3\\ \dot{x}_2 &= 2x_1 - 2x_2\\ \dot{x}_3 &= Cx_1 - 2x_3\end{aligned}\right\}$$

6.5 图示质量为 m 长度为 l 的均质杆 OA 在 O 点处与基座铰接,且受到扭簧约束和粘性阻尼作用。杆相对铅垂轴的偏角为 φ 时,弹性恢复力矩和阻尼力矩分别为 $-k\varphi$ 和 $-c\dot{\varphi}$。杆端 A 悬挂一质量为 m 长度为 l 的单摆,摆相对铅垂轴的偏角为 θ。试列出一次近似运动微分方程,并利用劳斯-赫尔维茨判据讨论杆与单摆沿铅垂轴平衡的稳定性条件。

6.6　一质量为 m 的质点沿光滑曲面 $x^2+y^2=az$ 运动，以柱坐标 r,θ,z 为广义坐标如图示。要求：(1)计算此系统的循环积分；(2)求质点实现沿曲面作 $z=h,\dot{\theta}=\Omega$ 的匀速水平圆周运动的条件；(3)判断此匀速水平圆周运动的稳定性。

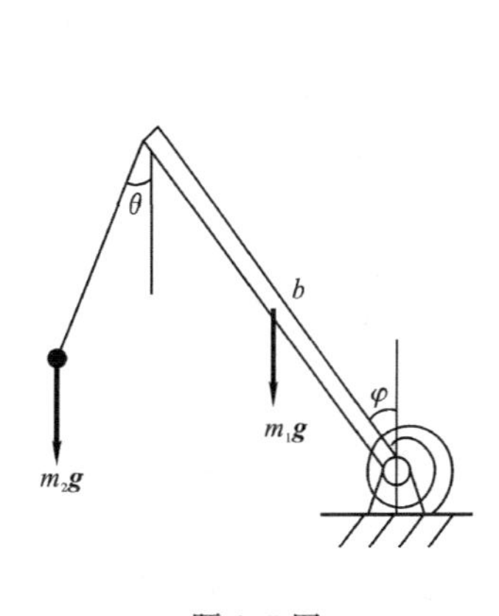

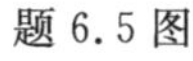
题 6.5 图

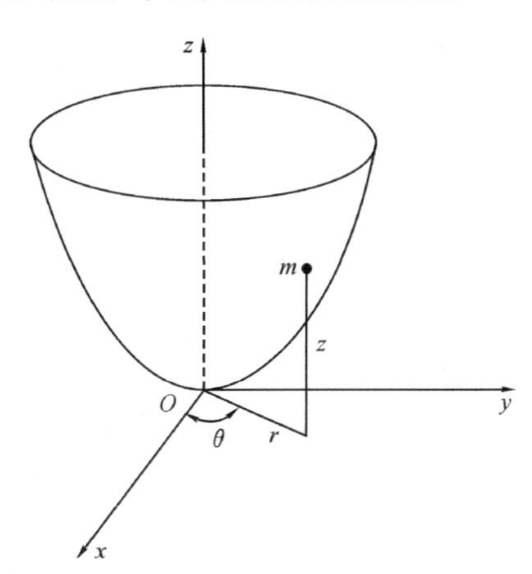

题 6.6 图

6.7　试利用李雅普诺夫直接方法讨论系数 a,b 取不同值时判断系统的零解稳定性。

$$\left.\begin{aligned}\dot{x}_1 &= ax_2+bx_1(x_1^2+x_2^2)\\ \dot{x}_2 &= -ax_1+bx_2(x_1^2+x_2^2)\end{aligned}\right\}$$

6.8　试利用李雅普诺夫直接方法讨论系数 a 取不同值时判断系统的零解稳定性。

$$\left.\begin{aligned}\dot{x}_1 &= x_2\\ \dot{x}_2 &= -x_1+(a-3)x_2\end{aligned}\right\}$$

6.9　试利用李雅普诺夫直接方法说明下面系统的零解是渐近稳定的。

$$\left.\begin{aligned}\dot{x}_1 &= x_2(1-x_3)\\ \dot{x}_2 &= 2x_1(x_3-1)\\ \dot{x}_3 &= x_3^3\end{aligned}\right\}$$

(提示：采用如下李雅普诺夫函数 $V=ax_1^2+bx_2^2+cx_3^2$)

6.10　质量为 m，长度 l 的二均质细杆上端以圆柱铰 O 连接，相对水平面的倾角均为 θ，二杆的中点处用长度为 $l/4$ 的无质量细绳悬挂一质量亦为 m 的质点如题6.10图所示。求此系统的平衡位置并判断其稳定性。

6.11　质量 m 的小圆环套在由 $z=ax^2$ 公式描述的抛物线形状的叉形杆上，

如图所示，杆以角速度 Ω 绕铅垂轴匀速转动。试计算小圆环的相对平衡位置，并判断其稳定性。

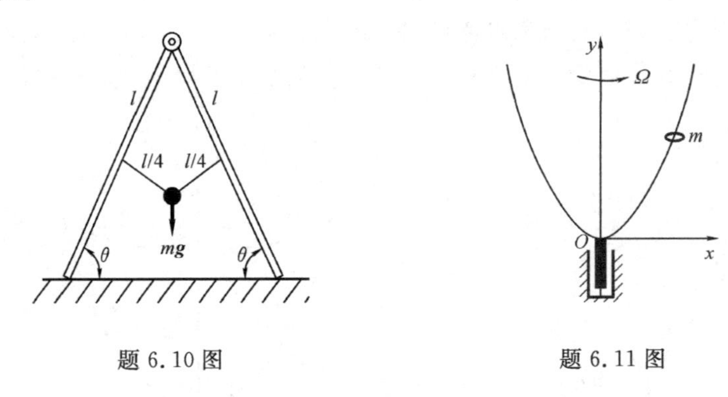

题 6.10 图　　　　题 6.11 图

6.12　质量为 m 的刚性平台用两根无重杆 AB、CD 及两根弹簧常数为 k 的弹簧支承。弹簧原长为 l，$k=2mg/l$。试讨论当 AB、CD 处于铅直位置时，平台平衡的稳定性。

6.13　质量 2 kg 的均质杆 OA 长 3 m，其 O 端铰接，A 端连一刚度系数 $k=4$ N/m 弹簧。记弹簧原长为 $l=1.2$ m，求系统平衡时的角度 θ，并讨论平衡位置的稳定性。

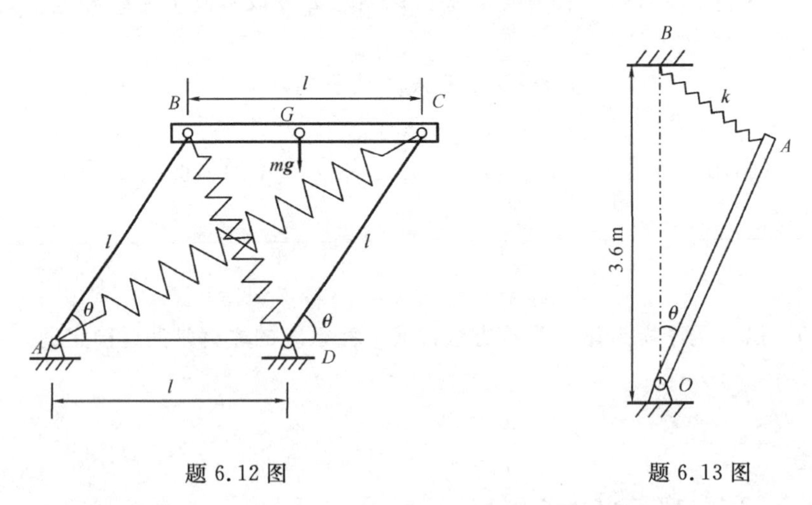

题 6.12 图　　　　题 6.13 图

附　录

附录 A　欧拉齐次函数定理

对于 m 次齐次函数 $f(x_1,x_2,\cdots,x_n)$，即：$f(\lambda x_1,\lambda x_2,\cdots,\lambda x_n)=\lambda^m f(x_1,x_2,\cdots,x_n)$，则有

$$\sum_{i=1}^{n}\frac{\partial f}{\partial x_i}x_i = mf(x_1,x_2,\cdots,x_n) \tag{A-1}$$

附录 B　勒让德变换

假设 $f(x)$在存在区间上是二次可微，且严格凸的函数，即

$$f''(x) > 0 \tag{B-1}$$

定义一个新的变量，其为函数的 $f(x)$斜率

$$p = f'(x) \tag{B-2}$$

并称其为**切坐标**。由隐函数定理以及函数 $f(x)$为严格凸的式(B-1)知：从式(B-2)中可以求解出 x

$$x = x(p) \tag{B-3}$$

现在定义一个以 p 为变量的新函数：

$$g(p) = xp - f(x) \tag{B-4}$$

式(B-2)和(B-4)给出了函数 $f(x)$关于 x 的勒让德变换，其将变量对$[x,f(x)]$转换为变量对$[p,g(p)]$。

上述变换有一些特殊的性质。首先，新函数关于新自变量的导数为

$$\frac{\mathrm{d}g}{\mathrm{d}p} = x + p\frac{\mathrm{d}x}{\mathrm{d}p} - \frac{\mathrm{d}f}{\mathrm{d}x}\frac{\mathrm{d}x}{\mathrm{d}p} = x$$

其次，函数 $g(p)$关于 p 的勒让德变换为

$$px - g(p) = px - [xp - f(x)] = f(x)$$

因此，变量对$[x,f(x)]$和变量对$[p,g(p)]$互为勒让德变换。

上述的勒让德变换可以拓展到多变量函数，设 $f(x_1,x_2,\cdots,x_n;y_1,y_2,\cdots,y_m)$是$(n+m)$个变量的函数，其关于变量 $y_1,y_2,\cdots,y_m$ 的黑塞矩阵(Hessian)满足

$$\det\left(\frac{\partial^2 f}{\partial y_i \partial y_j}\right) \neq 0 \tag{B-5}$$

定义新的坐标变量

$$z_i = \frac{\partial f}{\partial y_i}, \quad i = 1,2,\cdots,m \tag{B-6}$$

由隐函数定理,可由式(B-6)中求解出

$$y_i = y_i(z_1, z_2, \cdots, z_m), \quad i = 1,2,\cdots,m \tag{B-7}$$

为此,可以定义函数 f 关于变量 $y_1, y_2, \cdots, y_m$ 的勒让德变换,为

$$g(x_1, x_2, \cdots, x_n; z_1, z_2, \cdots, z_m) = \sum_{i=1}^{m} y_i z_i - f \tag{B-8}$$

即,旧的变量通过(B-7)用新的变量表示了。值得一提的是:变量 $x_1, x_2, \cdots, x_n$ 没有参与到上述变换过程中。为此有

$$\frac{\partial g}{\partial x_j} = -\frac{\partial f}{\partial x_j}, \quad j = 1,2,\cdots,n \tag{B-9}$$

类似于一维情形,同样可以求得函数 g 关于变量 $z_1, z_2, \cdots, z_m$ 的勒让德变换。

定义:$y_i = \dfrac{\partial g}{\partial z_i}$, $i=1,2,\cdots,m$,所以有

$$f(x_1, x_2, \cdots, x_n; y_1, y_2, \cdots, y_m) = \sum_{i=1}^{m} y_i z_i - g \tag{B-10}$$

附录 C 习题答案

第 1 章 习题答案

1.1 $x_1 + x_2 + \pi r - l = 0, \dot{x}_1 + r\dot{\varphi} = 0, \dot{x}_2 - r\dot{\varphi} = 0$

1.2 $y_2 = 0, (x_1 - x_2)^2 + (y_1 - y_2)^2 - l^2 = 0, \dfrac{y_1}{x_1 - x_2} = -\dfrac{h}{x_2}$

1.3 是可积分的微分约束,积分后有限形式 $x + \ln(x^2 + y^2 + z^2) = C$,$C$ 为积分常数。

1.4 是不可积的微分约束,为非完整约束。

1.5 $l^2 - \{(x_2 - x_1)^2 + (y_2 - y_1)^2 + (z_2 - z_1)^2\} \geqslant 0$,等号表示软绳在张紧状态,不等号表示软绳在不张紧状态。

1.6 自由度数为 6。

1.7 不对。虚功为零,而实功不为零。

1.8 (1)理想约束;(2)理想约束;(3)非理想约束。

1.9　(1)自由度数为 1,非定常约束;(2)自由度数为 2,定常约束。

1.10　(1)自由度数为 2,定常约束,广义坐标可取为(φ, θ);(2)自由度数为 2,定常约束,广义坐标可取为(φ, θ);(3)自由度数为 1,非定常约束,广义坐标可取为 θ。

1.11　虚功之和为零,证明略。

第 2 章　习题答案

2.1　$F_{Ax}=\frac{1}{2}qa, F_{Ay}=\frac{3}{2}qa, M_A=M+3qa^2$

2.2　$\alpha=\arctan\frac{2F}{P_1+2P_2}, \beta=\arctan\frac{2F}{P_2}$

2.3　$P_B=5P_A$;重物 B 的重心将两绳之间的距离按 4∶1 分开。

2.4　$P_1=\frac{P}{2\sin\alpha}, P_2=\frac{P}{2\sin\beta}$

2.5　$a=\frac{3P_1-P_2}{3P_1+P_2}g$

2.6　$\alpha=\frac{Mr^2}{(mr^2+I_c)(R-r)^2}$

2.7　$\omega=\sqrt{\frac{2m_1gl\sin\varphi+k(\varphi-\varphi_0)}{ml^2\sin2\varphi}}$

2.8　$a_A=\frac{m_1+(2-f)m_2}{m_1+3m_2}g,\ a_B=\frac{m_1-3fm_2}{m_1+3m_2}g$

第 3 章　习题答案

3.1　$\begin{cases}-x\sin\varphi+y\cos\varphi=0\\x^2+y^2-(R-z\tan\alpha)2=0\end{cases}$,自由度数为 1 。

3.2　$\frac{\dot{x}}{x_1-x}=\frac{\dot{y}}{y_1-y}$,$N_x=-y,\ N_y=x-f(t)$

3.3　$\begin{cases}(m_1+m_2)\ddot{x}+m_2\ddot{x}_r\cos\theta=0\\m_2(\ddot{x}_r+\ddot{x}\cos\theta)+kx_r=0\end{cases}$,能量积分 $m_1\dot{x}+m_2(\dot{x}+\dot{x}_r\cos\theta)=C$

3.4　$\begin{cases}\ddot{x}-R\ddot{\varphi}-x\dot{\varphi}^2+g\sin\varphi=0\\(3R^2+3x^2+l^2)\ddot{\varphi}-3R\ddot{x}+6x\dot{x}\dot{\varphi}-3Rg\sin\varphi+3gx\cos\varphi=0\end{cases}$

3.5　$\begin{cases}\ddot{x}=\frac{m_1g\sin2\alpha}{3m_2+m_1(3-2\cos^2\alpha)}\\\ddot{\theta}=-\frac{2(m_1+m_2)g\sin\alpha}{r[3m_2+m_1(3-2\cos^2\alpha)]}\end{cases}$,$(m_1+m_2)\dot{x}+m_2r\cos\alpha\dot{\theta}=C_1$,

$$\frac{1}{2}(m_1+m_2)\dot{x}^2+m_2 r\left(\frac{3}{4}r\dot{\theta}^2+\cos\alpha\dot{x}\dot{\theta}-g\theta\sin\alpha\right)=C$$

3.6 $$(J_1+m_1 l_1^2+m_2 l^2)\ddot{\theta}_1+m_2 l l_2[\ddot{\theta}_2\cos(\theta_1-\theta_2)+\dot{\theta}_1^2\sin(\theta_1-\theta_2)]+(m_1 l_1+m_2 l)g\sin\theta_1$$
$$=M_1-M_2(J_2+m_2 l_2{}^2)\ddot{\theta}_2+m_2 l l_2[\ddot{\theta}_1\cos(\theta_1-\theta_2)-\dot{\theta}_1^2\sin(\theta_1-\theta_2)]+m_2 g l_2\sin\theta_1=M_2$$

3.7 $$\begin{cases}(m_1+m_2)\ddot{x}+m_1(R-r)\ddot{\theta}\cos\theta+2k=0\\ \dfrac{3}{2}(R-r)\ddot{\theta}+\ddot{x}\cos\theta+g\sin\theta=0\end{cases}$$

3.8 $$(\frac{1}{3}m_1+\frac{3}{2}m_2)l^2\ddot{\varphi}+ka^2\varphi+(\frac{m_1}{2}+m_2)gl(1-\cos\varphi)=0$$

$$T+V=C$$

3.9 $s_D=\dfrac{3}{16}gt^2$，$s_B=\dfrac{1}{8}gt^2$，$x_A=\dfrac{\sqrt{3}}{48}gt^2$

3.10 $T=2\pi\sqrt{\dfrac{m_1+m_2}{k}}$

3.11 $$\begin{cases}m_1\ddot{x}+kx(1-\dfrac{l_0}{\sqrt{x^2+y^2}})=0\\ m_2\ddot{y}+ky(1-\dfrac{l_0}{\sqrt{x^2+y^2}})+m_2 g=0\end{cases}$$

3.12 $$mR^2\ddot{\varphi}-mR^2\omega^2\sin\varphi\cos\varphi-mgR\sin\varphi+kR^2(\varphi-\varphi_0)=0$$

3.13 $$\begin{cases}mR^2\ddot{z}+mg=\lambda_1\\ \dfrac{\mathrm{d}}{\mathrm{d}t}(mR^2\cos^2\varphi\dot{\varphi})+kR^2(\varphi-\varphi_0)=\lambda_1 R\sin\varphi\\ \dfrac{\mathrm{d}}{\mathrm{d}t}(mR^2\sin^2\varphi\dot{\psi})=\lambda_2\end{cases}$$

约束方程 $\begin{cases}z=R\cos\varphi\\ \psi=\omega t\end{cases}$

3.14 $$\begin{cases}m\ddot{x}_1=\lambda_1 x_1+\lambda_2 b^2(x_1-l)\\ m\ddot{x}_2=-mg+\lambda_1 x_2+\lambda_2 b(bx_2-hl)\\ m\ddot{x}_3=\lambda_1 x_3+\lambda_3 b^2 x_3\end{cases}$$

约束方程 $\begin{cases}f_1=x_1^2+x_2^2+x_3^2-l^2=0\\ f_2=\left(\dfrac{bx_1}{l}-b\right)^2+\left(\dfrac{bx_2}{l}-h\right)^2+\left(\dfrac{bx_3}{l}\right)^2-h^2=0\end{cases}$

3.15

$$\begin{cases}\left(\dfrac{m_1}{3}+m_2\right)r^2\ddot{\varphi}-\dfrac{m_2}{2}rl[\ddot{\theta}\cos(\varphi+\theta)-\ddot{\theta}^2\sin(\varphi+\theta)]-M+\left(\dfrac{m_1 g}{2}-\lambda\right)r\cos\varphi=0\\ \left(\dfrac{m_2}{3}\right)l^2\ddot{\theta}-\dfrac{m_2}{2}rl[\ddot{\varphi}\cos(\varphi+\theta)-\dot{\varphi}^2\sin(\varphi+\theta)]+\left(\dfrac{m_2 g}{2}+\lambda\right)l\cos\theta=0\end{cases}$$

3.16 $$\begin{cases}m\ddot{x}_1+k(x_1-x_2-l_0)-mx_1\omega^2=0\\ m\ddot{x}_2+k(x_2-x_1-l_0)-mx_2\omega^2=0\end{cases}$$

3.17 $$\begin{cases}m\ddot{s}_1+ks_1-ks_2+kl_0=0\\ m\ddot{s}_2-2ks_2+ks_1+ks_3=0\\ m\ddot{s}_3+ks_3-ks_2-kl_0=0\end{cases}$$

3.18 $$\begin{cases}L_1\ddot{e}_1+R_1\dot{e}_1+\dfrac{1}{C_1}(e_1-e_2)=u\\ L_2(\ddot{e}_2-\ddot{e}_3)+R_2\dot{e}_2+\dfrac{1}{C_1}(e_2-e_1)=0\\ L_3(\ddot{e}_3-\ddot{e}_2)+R_3\dot{e}_3+\dfrac{1}{C_2}e_3=0\end{cases}$$

3.19 $$\begin{cases}L_1\ddot{e}_1+\dfrac{1}{C_1}(e_1-e_2)+R_1\dot{e}_1=E\\ L_2\ddot{e}_2-\dfrac{1}{C_1}(e_1-e_2)+\dfrac{1}{C_2}(e_2-e_3)+R_2\dot{e}_2=0\\ L_3\ddot{e}_3-\dfrac{1}{C_2}(e_2-e_3)+R_3\dot{e}_3=0\end{cases}$$

3.20 $$\begin{cases}m\ddot{s}+b\dot{s}-k(a-s)+\dfrac{e^2}{2C_0 a}=-F(t)\\ R\dot{e}+\dfrac{es}{C_0 a}=E_0\end{cases}$$

第4章 习题答案

4.1 正则方程：$\dot{r}=\dfrac{P_r}{m}$ $\dot{\theta}=\dfrac{P_\theta}{mr^2}$，$\dot{P}_r=\dfrac{P_\theta^2}{mr^3}+\dfrac{k}{r^2}$，$\dot{P}_\theta=0$

首次积分：能量积分：$H=C$，循环积分：$P_\theta=C_\theta$

4.2 正则方程：$\dot{\theta}_1=\dfrac{P_1}{m_1 r^2}$ $\dot{\theta}_2=\dfrac{P_2}{m_2 r^2}$，

$$\dot{P}_1=kr^2\sin\frac{\theta_1+\theta_2}{2}\left[2\cos\frac{\theta_1+\theta_2}{2}-1\right]-m_1 gr\cos\theta_1,$$

$$\dot{P}_2=kr^2\sin\frac{\theta_1+\theta_2}{2}\left[2\cos\frac{\theta_1+\theta_2}{2}-1\right]-m_2 gr\cos\theta_2$$

首次积分：$H=C$

4.3 正则方程：$\dot{\varphi}_1=\dfrac{2R_1P_2-3R_2P_1}{2m_2R_2R_1{}^2-3R_1^2R_2\left(\dfrac{m_1}{2}+m_2+m_3\right)}$

$$\dot{\varphi}_2=\frac{m_2R_2P_1-R_1\left(\dfrac{m_1}{2}+m_2+m_3\right)P_2}{m_2{}^2R_2{}^2R_1-\dfrac{3m_2R_1R_2{}^2}{2}\left(\dfrac{m_1}{2}+m_2+m_3\right)}$$

$$\dot{P}_1=gR_1(m_2-m_3)$$

$$\dot{P}_2=m_2gR_2$$

首次积分：$H=C$

4.4 正则方程：$\dot{x}=\dfrac{3}{3(m+M)-2m\cos^2\alpha}P_x-\dfrac{2\cos\alpha}{3(m+M)r-2mr\cos^2\alpha}P_\theta$

$$\dot{\theta}=\frac{3}{3(m+M)r-2mr\cos^2\alpha}P_x+\frac{2(m+M)}{3m(m+M)r^2-2m^2r^2\cos^2\alpha}P_\theta$$

$$\dot{P}_x=0$$

$$\dot{P}_\theta=-mgr\sin\alpha$$

首次积分：能量积分 $H=C$

首次积分：循环积分 $P_x=C_x$

4.5 正则方程：

$$\dot{\varphi}_1=\frac{\dfrac{1}{3}m_2l_2P_1-\dfrac{m_2}{2}l_1\cos(\varphi_2-\varphi_1)P_2}{l_1^2l_2\dfrac{m_2}{3}\left(\dfrac{m_1}{3}+\dfrac{m_2}{4}\right)},$$

$$\dot{\varphi}_2=\frac{\left(\dfrac{m_1}{3}+m_2\right)l_1P_2-\dfrac{m_2}{2}l_2\cos(\varphi_2-\varphi_1)P_1}{l_1l_2{}^2\dfrac{m_2}{3}\left(\dfrac{m_1}{3}+\dfrac{m_2}{4}\right)}$$

$$\dot{P}_1=-\frac{1}{2}m_2l_1l_2\dot{\varphi}_1\dot{\varphi}_2\sin(\varphi_2-\varphi_1)-k_1\varphi_1+k_2(\varphi_2-\varphi_1)+gl_1\left(\frac{m_1}{2}+m_2\right)\sin\varphi_1$$

$$\dot{P}_2=\frac{1}{2}m_2l_1l_2\dot{\varphi}_1\dot{\varphi}_2\sin(\varphi_2-\varphi_1)-k_2(\varphi_2-\varphi_1)+gl_2\frac{m_2}{2}\sin\varphi_2$$

首次积分：$H=C$

4.6 正则方程：$\dot{y}=\dfrac{p_y}{m_1+m_2}$，$\dot{p}_y==-ky$

首次积分：$H=C$

4.7 正则方程：

$$\dot{x}_1=\frac{P_1}{M}-\frac{(a+b)P_2}{aM}+\frac{P_\theta}{aM}$$

$$\dot{x}_2=-\frac{(a+b)P_1}{aM}+\frac{1}{2}\frac{(2ma^2+2mb^2+Ma^2+2Mb^2+4mba)P_2}{mMa^2}-\frac{(ma+Mb+ma)P_\theta}{mMa^2}$$

$$\dot{\theta}=\frac{P_1}{aM}-\frac{(ma+mb+Ma)P_2}{mMa^2}+\frac{(m+M)P_\theta}{mMa^2}$$

$$\dot{P}_1=(M+3m)g$$

$$\dot{P}_2=2mg$$

$$\dot{P}_\theta=(2b-a)mg$$

首次积分：$H=C$

4.8　哈密顿函数：$H=\dfrac{p_\psi^2}{2mR^2}+\dfrac{p_\varphi^2}{2mR^2(\sin^2\psi+\frac{1}{2})}+mgR\cos\psi$

正则方程：$\dot{\varphi}=\dfrac{p_\varphi}{mR^2(\sin^2\psi+\frac{1}{2})}$，$\dot{\psi}=\dfrac{p_\psi}{mR^2}$

$$\dot{p}_\varphi=0,\ \dot{p}_\psi=\frac{p_\varphi^2\cos\psi}{mR^2(\sin^2\psi+\frac{1}{2})^2}+mgR\sin\psi$$

4.9　哈密顿函数：$H=(\dfrac{p_x^2}{4m}+\dfrac{p_\xi^2}{m})-m\omega^2(x^2+\dfrac{\xi^2}{4})+\dfrac{k}{2}(\xi-l_0)^2$

正则方程：$\dot{x}=\dfrac{p_x}{2m}$，$\dot{\xi}=\dfrac{2p_\xi}{m}$

$$\dot{p}_x=2m\omega^2x,\ \dot{p}_\xi=\frac{1}{2}m\omega^2\xi-k(\xi-l_0)$$

4.10　哈密顿函数：$H=\dfrac{p_1^2}{2m_1}+\dfrac{p_2^2}{2m_2}+\dfrac{p_3^2}{2m_3}+\dfrac{1}{2}k_1(x_2-x_1)^2+\dfrac{1}{2}k_2(x_3-x_2)^2$

正则方程：$\dot{x}_1=\dfrac{p_1}{m_1}$，$\dot{p}_1=k_1(x_2-x_1)$

$$\dot{x}_2=\frac{p_2}{m_2},\ \dot{p}_2=-k_1(x_2-x_1)+k_2(x_3-x_2)$$

$$\dot{x}_3=\frac{p_3}{m_3},\ \dot{p}_3=-k_2(x_3-x_2)$$

第5章　习题答案

5.1　$-\dfrac{\pi^2}{2}$

5.2 $u_{tt}+\frac{c^2}{\rho}(u_{xx}+u_{yy})=0$

5.3 运动方程：$\rho w_{tt}+EIw_{xxxx}=f(x)$

边界条件：$w|_{x=0}=0$，$w_x|_{x=0}=0$，$w_{xx}|_{x=l}=0$，$-EIw_{xxx}|_{x=l}+kw(l)=0$

5.4 梁的运动方程：$\rho w_{tt}+EIw_{xxxx}=0$

摆的运动方程：$mr^2\varphi_{tt}+P(t)+k[w_x(l)+\varphi]=0$

边界条件：

当 $x=0$ 时，几何边界：$w(0)=0\Rightarrow\delta w(0)=0$；$w_x(0)=0\Rightarrow\delta w_x(0)=0$

当 $x=l$ 时，动力边界：$\delta w(l)\neq0\Rightarrow-mw_{tt}(l)+F(t)+EIw_{xxx}(l)=0$

$\delta w_x(l)\neq0\Rightarrow EIw_{xx}(l)+k[w_x(l)+\varphi]=0$

5.5 叶片的运动方程：$\rho[(r+x)\ddot{\varphi}+w_{tt}]+EIw_{xxxx}=0$

转盘的运动方程：

$$\left(J+\rho\int_0^l(r+x)^2\mathrm{d}x\right)\ddot{\varphi}+\rho\int_0^l(r+x)^2w_{tt}\mathrm{d}x+k\varphi=0$$

边界条件：

当 $x=0$ 时，几何边界：$w(0)=0$；$w_x(0)=0$；

当 $x=l$ 时，动力边界：$w_{xx}(l)=0$；$w_{xxx}(l)=0$。

5.6 采用近似解：$x=t+at(1-t)$，其解为：$x=t+\left(\frac{5}{18}\right)t(1-t)$；

采用近似解：$x=t+at(1-t^2)$，其解为：$x=t+\left(\frac{7}{38}\right)t(1-t^2)$。

5.7 前二阶固有角频率

$$\omega_1=\frac{\pi^2}{l^2}\sqrt{\frac{EI}{\rho}},\ \omega_2=\frac{4\pi^2}{l^2}\sqrt{\frac{EI}{\rho}}$$

第6章 习题答案

6.1 稳定平衡点(1, 0)，不稳定平衡点有(0, 0)，(−1, 0)，(0, 1)，(0, −1)，$\left(\frac{1+\sqrt{5}}{2},\frac{1+\sqrt{5}}{2}\right)$，$\left(\frac{1-\sqrt{5}}{2},\frac{1-\sqrt{5}}{2}\right)$。

6.2 $(x_1, 0, 0)$，(0,1,1)，均为不稳定平衡点。

6.3 系统零解不稳定。

6.4 $C>-2$。

6.5 $\boldsymbol{M}\ddot{\boldsymbol{x}}+\boldsymbol{C}\dot{\boldsymbol{x}}+\boldsymbol{K}\boldsymbol{x}=0$，$k>\frac{m_1gb}{2}$ 稳定；

$$\boldsymbol{M}=\begin{bmatrix}(\frac{m_1}{3}+m_2)b^2 & m_2bl\\ m_2bl & m_2l^2\end{bmatrix},\ \boldsymbol{C}=\begin{bmatrix}c & 0\\ 0 & 0\end{bmatrix},\boldsymbol{K}=\begin{bmatrix}k-\frac{m_1gb}{2} & 0\\ 0 & m_2gl\end{bmatrix},\boldsymbol{x}=\begin{bmatrix}\varphi\\ \theta\end{bmatrix}。$$

6.6　(1) $maz\dot{\theta}=C_1$，$V=\frac{C_1^2}{2maz}+mgz$；(2)$\Omega=\sqrt{\frac{2g}{a}}$；(3)稳定。

6.7　$b<0$，渐近稳定；$b=0$，稳定；$b>0$，不稳定。

6.8　$a<3$，渐近稳定；$a=3$，稳定；$a>3$，不稳定。

6.9　略。

6.10　$\theta=90°$不稳定；$\theta=66.70°$稳定。

6.11　$x=0$，$\Omega<\sqrt{2ga}$稳定；$\Omega>\sqrt{2ga}$不稳定。

6.12　略。

6.13　$\theta=0$，π不稳定，$\theta=68.67°$稳定。

参考文献

[1] 梅凤翔. 分析力学(上卷)[M]. 北京：北京理工大学出版社，2013.

[2] 梅凤翔. 分析力学(下卷)[M]. 北京：北京理工大学出版社，2013.

[3] 陈滨. 分析动力学(第二版)[M]. 北京：北京大学出版社，2012.

[4] 刘延柱. 高等动力学 [M]. 北京：高等教育出版社，2001.

[5] 许庆余，吴慧中. 分析力学[M]. 北京：高等教育出版社，2013.

[6] 王振发. 分析力学[M]. 北京：科学出版社，2015.

[7] 易中，周丽珍. 分析力学初步[M]. 北京：冶金工业出版社，2006.

[8] R 罗森伯. 离散系统分析动力学[M]. 程迺巽，郭坤，译. 北京：人民教育出版社，1988.

[9] Leonard Meirovitch. Methods of Analytical Dynamics[M]. New York：McGraw-Hill Inc，1970.

[10] J S Török. Analytical Mechanics with An Introduction to Dynamical Systems[M]. New York：John Wiley &Son Inc，2000.